Bœuf musqué, bison, mouton et chèvre

AF369155

George Bird Grinnell, Caspar Whitney

Owen Wister

Writat

Cette édition parue en 2024

ISBN : **9789359943190**

Publié par
Writat
email : info@writat.com

Selon les informations que nous détenons, ce livre est dans le domaine public. Ce livre est la reproduction d'un ouvrage historique important. Alpha Editions utilise la meilleure technologie pour reproduire un travail historique de la même manière qu'il a été publié pour la première fois afin de préserver son caractère original. Toute marque ou numéro vu est laissé intentionnellement pour préserver sa vraie forme.

Contenu

Je suis
MON PREMIER MEURTRE

Nous avions traversé le « Pays des Petits Bâtons », comme les Indiens appellent si justement ce désert désolé qui relie la lisière des terres boisées aux Terres Arides, et nous nous dirigions depuis plusieurs jours vers le nord à la recherche de tout être vivant. cela nous fournirait une bouchée de nourriture.

Nous étions entrés dans un de ces morceaux de cette grande région aride qui, brisés par des crêtes rocheuses, peu élevées mais fréquentes, sont un harcèlement indescriptible pour le raquetteur en voyage. C'était la troisième douzaine d'heures de notre jeûne, à l'exception du thé et de la pipe, et toute la journée nous nous étions traînés avec lassitude d'une crête à l'autre, dans l'espoir toujours récurrent et toujours déçu d'apercevoir sur chacune d'elles des caribous ou des muscs. des bœufs. Les Indiens étaient découragés et maussades, comme ils le deviennent habituellement en de telles occasions ; et cela me troublait bien plus que de ne pas trouver de nourriture, car j'avais constamment peur qu'ils ne se découragent et ne retournent vers les bois. C'était la possibilité qui, depuis le tout début, avait toujours et très sérieusement menacé le succès de mon entreprise ; parce que nous avancions au début du mois de mars, à une époque où les tempêtes sont les plus violentes et où personne ne s'était jamais aventuré dans les Terres Arides. C'est pourquoi, craignant que les Indiens ne reviennent en arrière, j'ai cherché à faire la lumière sur nos difficultés en me mettant à chanter lorsque nous arrêtions d'« épeler » [1] nos chiens, espérant, par ma prétendue légèreté, faire honte aux Indiens de ne pas se montrer. leur désir de rentrer chez eux.

On peut imaginer à quel point j'avais envie de chanter.

Ainsi, la journée s'éternisa sans qu'aucune créature en mouvement ne soit aperçue, pas même un renard, et il était plus de midi lorsque nous gravissâmes laborieusement une crête particulière qui semblait avoir une quantité inhabituelle de roches inutiles et déchiquetées éparpillées sur sa surface. Je me souviens que nous osions à peine regarder la campagne blanche et silencieuse qui s'étendait devant nous ; la déception avait si souvent récompensé nos longues recherches que nous en étions venus à l'accepter comme une évidence. S'accroupir à l'arrière du traîneau, à l'abri du vent, semblait être une préoccupation plus immédiate que de chercher de la viande devant nous : au moins nous étions sûrs du réconfort que nos pipes apportaient. Nous fumâmes donc en silence, sans aucun signe d'intérêt pour ce que le pays qui nous attendait immédiatement, jusqu'à ce que Beniah, le chef de mes Indiens, et un homme particulièrement bon, se leva avec une exclamation et, grimpant précipitamment sur le sommet. un rocher de bonne taille, tendit le bras en avant, visiblement très excité par l'excitation. Il a crié une fois et fort « *Ethan* » [2] , puis a continué à le marmonner comme pour s'assurer que sa langue était sûre de ce que ses yeux voyaient. Nous nous sommes tous rassemblés autour de lui, escaladant son rocher ou sur d'autres, avec un sérieux désespéré pour voir ce qu'il voyait dans la direction qu'il continuait à indiquer. Il fallut quelques minutes avant que je puisse discerner quelque chose ayant de la vie au loin, qui s'étendait jusqu'à l'horizon, tout blanc et silencieux, puis je détectai une sorte de vapeur s'élevant apparemment de quelques objets sombres se détachant flouement sur la neige à environ six kilomètres de distance ; c'était la brume qui s'élève d'un troupeau d'animaux où le mercure se situe entre soixante et soixante-dix degrés au-dessous de zéro, et par temps clair, on peut l'apercevoir à cinq milles de distance. Complètement réveillé, j'ai sorti mes jumelles de mon traîneau et j'ai fouillé les objets sombres sous la brume. Ce n'étaient pas des caribous, j'en étais certain ; quant à ce qu'ils étaient, j'étais également incertain, car les formes étaient étranges à mes yeux. Alors j'ai tendu les verres à Beniah en disant : « *Ethan illa* ». [3] Beniah a pris les lunettes, mais comme c'était la première fois qu'il regardait une paire, leur portée et leur puissance semblaient l'exciter autant que l'apparence du jeu lui-même. Lorsqu'il retrouva sa langue, il cria « *ejerri* ». [4] Je n'avais aucune connaissance précise de ce que signifiait « *ejerri* », mais je pensais que nous avions aperçu des bœufs musqués. Instantanément, tout n'était qu'excitation. Les Indiens poussèrent un cri et se précipitèrent vers leurs traîneaux en bavardant et en riant. Il semblait incroyable qu'il s'agisse des mêmes hommes qui, peu de temps auparavant, étaient restés silencieux, dos au vent, abattus et indifférents.

Chacun s'occupait maintenant de lâcher ses chiens, ce qui était peu de chose pour les Indiens avec leur harnais simplement cousu d'où les chiens s'enfilaient facilement, mais pour moi une tâche assez complexe. Mon train pour chiens venait de la Poste, et son harnais était fait de boucles, de sangles et d'objets difficiles à défaire par temps glacial ; il arriva donc qu'au moment où mes chiens furent dételés, les Indiens et tous leurs chiens étaient à un quart de mile plus près des bœufs musqués que moi et couraient pour sauver leur vie. Mes idées préconçues sur le gibier de chasse au bœuf musqué ont été en un tournemain bouleversées jusqu'à la destruction, alors que je me trouvais maintenant dans une situation ni attendue ni joyeuse. Il était naturel de supposer qu'une certaine aide me serait apportée dans cet environnement étrange, et que la considération d'un parti que j'organiserais et que je financerais serait que je tue le bœuf musqué pour lequel j'étais venu de si loin. Mais nous étions loin du Post, des interprètes et des influences restrictives ; et à ce moment de réadaptation, je réalisai rapidement que ce serait la survie du plus fort dans cette expédition, et que si j'obtenais un bœuf musqué, ce serait moi-même. Cela me réconfortait de savoir que, même si j'avais le ventre un peu serré, suite à trois jours de voyage pénible avec uniquement du thé, j'étais en bonne forme physique et prêt à faire l'effort de ma vie.

Au moment où j'avais parcouru environ deux milles, j'avais rattrapé le dernier des Indiens, qui étaient étendus en une longue colonne, deux d'entre eux étant en tête d'un demi-mille. En moins d'un kilomètre, j'avais dépassé tous les retardataires et je courais pratiquement à égalité avec le deuxième Indien, qui se trouvait à deux ou trois cents mètres derrière le premier. Cet Indien, nommé Seco, était l'un des meilleurs coureurs en raquettes que j'aie jamais rencontré. Il a fait preuve de son endurance et de sa rapidité à de nombreuses autres occasions que celle-ci, car il y avait toujours une course de quatre milles ou plus après chaque troupeau de bœufs musqués que nous apercevions, et invariablement une course à pied entre Seco et moi précédait la direction finale. Je peux ajouter incidemment qu'il m'a toujours battu, même si nous avons réussi à finir de justesse pendant les cinquante-sept jours que nous avons parcourus dans ce bout de terre oublié de Dieu.

Ce jour-là, même si j'ai dépassé le deuxième Indien, Seco est resté bien en tête, avec pratiquement tous les chiens juste devant lui. C'était la route la plus difficile que j'aie jamais connue, car le parcours s'étendait sur une succession de crêtes rocheuses basses mais pointues couvertes d'environ un pied de neige, et, avec les chaussures de marche étroites utilisées dans les Terres Arides, j'ai percé la croûte. où il était mou, ou coincé mes chaussures entre les rochers balayés par le vent qui se rapprochaient les uns des autres, ou coincé dans ceux que j'essayais de franchir dans ma foulée. C'était une sorte de course de haies pour tester les fesses d'un athlète bien nourri et en condition physique ; Comment cela s'est-il passé avec un régime à base de thé, je n'ai pas besoin de le dire.

Après avoir couru pendant environ une heure, il me sembla que nous ne devions jamais voir les bœufs musqués. Nous traversons crête après crête et pourtant nous n'apercevons pas la carrière tant convoitée. Seco détenait encore une avance d'une centaine de mètres, et je me souviens que je me demandais, dans ma fatigue croissante, pourquoi diable cet Indien maintenait-il une telle allure, car je ne pouvais m'empêcher de penser que lorsque les bœufs musqués auraient enfin été rattrapés, il je m'arrêterai jusqu'à ce que moi, tous les Indiens et tous les chiens soyons arrivés, afin d'assurer plus certainement le succès de la chasse : mais ce n'était pas la première fois que j'étais avec des chasseurs indiens, et je savais assez bien qu'il ne fallait pas prendre de risques. toutes les chances.

Au bout d'une demi-heure de course, alors que je gravissais le côté le plus proche d'une crête un peu plus haute et plus large que toutes celles que nous avions traversées, j'entendis les chiens aboyer et se précipiter vers le sommet. Quelle ne fut pas ma déception, pour ne pas dire la détresse, en voyant vingt-cinq à trente bœufs musqués se sont mis à courir le long d'une crête à environ un quart de mille au-delà de Seco, qui, avec ses chiens, les poursuivait à une cinquantaine de mètres devant moi. Ce que je pensais à cette époque des méthodes de chasse des Indiens du Northland, et de Seco et de tous mes autres Indiens en particulier, ne rendait guère justice à la situation et à mon état d'esprit à l'époque - et ne serait pas une bonne lecture ici. Si j'avais participé à une expédition de chasse ordinaire, le dégoût de toute cette stupide affaire aurait sans doute été primordial, mais la pensée du chemin parcouru et des privations endurées pour la seule raison d'acquérir un bœuf musqué, m'a rendu encore plus déterminé à réussir malgré les obstacles de toutes sortes. Alors j'ai continué. Le vent soufflait un coup de vent du sud lorsque j'atteignis le sommet de la crête le long de laquelle j'avais vu courir les bœufs musqués, et le troupeau principal avait disparu par l'extrémité nord de celle-ci et se trouvait à un mille au nord. voyageant la tête bien portée, quoique non baissée, à une allure et une aisance étonnantes sur les rochers. Quatre s'étaient séparés du corps principal et se dirigeaient presque plein est sur le côté sud de la crête. J'ai décidé de traquer ces quatre-là, car je pouvais garder le côté nord de la crête, hors de vue et sous le vent, étant certain qu'ils tourneraient tôt ou tard vers le nord pour rejoindre le troupeau principal. Cela semblait ma meilleure chance. Je me rendais parfaitement compte du risque que je courais en me séparant des Indiens ; mais à ce moment-là, rien ne me semblait aussi important que de me procurer un bœuf musqué, pour lequel j'avais maintenant parcouru près de douze cents milles en raquettes.

J'ai fait beaucoup de chasse dans ma vie, sur des sections largement séparées et sans piste, et j'ai eu ma part de voyages difficiles ; mais je n'oublierai jamais la course le long de cette crête. Cela demandait plus de cœur et plus de force que n'importe quelle situation à laquelle j'ai jamais été confrontée. J'avais déjà couru, je suppose, environ cinq milles lorsque je me mis en route après ces quatre bœufs musqués ; et quand le premier enthousiasme fut passé, il me sembla que je devais y renoncer. Une telle fatigue dont je n'avais jamais rêvé. Je n'ai aucune idée de la distance que j'ai parcourue, trois ou quatre milles supplémentaires, probablement, mais je me souviens qu'au bout d'un moment, l'idée m'a envahi que ces quatre bœufs musqués et moi étions seuls sur terre, qu'ils savaient que j'étais après leurs têtes, et m'attiraient au plus profond d'un pays étranger pour me perdre ; ainsi, dans le grand pays silencieux, nous courions sinistrement, la mort suivant les pas de chacun. La surface d'un blanc mort qui s'étendait sans fin devant moi semblait monter et descendre comme si je voyageais sur un bateau à bascule ; et la neige et les rochers dansaient autour de ma tête tournoyante dans un labyrinthe souriant et scintillant. Lorsque je tombais, ce qui était fréquent, il me semblait si long avant de me relever de nouveau ; et ce que je voyais me paraissait vu à travers le petit bout de jumelles.

J'étais en sueur et j'avais laissé tomber ma capote de fourrure et mon cartouchière après avoir fourré une demi-douzaine de cartouches dans ma poche. Je courais encore et encore, me demandant, à moitié hébété, si les bœufs musqués étaient vraiment de l'autre côté de la crête. Finalement, la crête prit un virage serré vers le nord et, alors que j'atteignais son sommet, là, à environ cent mètres plus loin, se trouvaient deux bœufs musqués qui couraient lentement mais directement devant moi. Instantanément, le sang coula dans mes veines et la brume se dissipa de mes yeux ; tombant sur un genou, j'ai mis mon fusil en position, mais ma main était si tremblante et mon cœur battait si fort que le guidon vacillait partout à l'horizon. J'ai réalisé que c'était peut-être le seul coup que je pourrais avoir, car les Indiens étaient allés dans les Terres Arides à des saisons plus propices et n'avaient pas vu le moindre troupeau, et pourtant, les bœufs musqués s'éloignant de moi pendant tout ce temps, chaque fois. l'instant du temps semblait un âge insurmontable. L'agonie de ces quelques secondes que j'ai attendues pour affermir ma main ! Une ou deux fois, j'essayai de nouveau de viser, mais la main était encore trop incertaine. Je n'ai pas osé risquer un coup de feu. Après m'être reposé une minute ou deux, cela me parut une bonne demi-heure ; enfin, la vision antérieure resta vraie pendant un instant ; et j'ai appuyé sur la gâchette.

L'exultation de ce moment où j'ai vu l'un des deux bœufs musqués chanceler puis tomber, je sais que je ne la reverrai plus jamais.

Le bruit de mon fusil fit sursauter l'autre bœuf musqué et le fit galoper sauvagement au-dessus d'une crête, et je le suivis aussi rapidement que possible, aussitôt que je m'assurai que l'autre était vraiment à terre. Alors que je franchissais la crête, j'aperçus le bœuf musqué restant et tirai simultanément avec deux coups de feu sur ma gauche, que je découvris plus tard comme provenant du deuxième Indien que j'avais croisé en me rapprochant de Seco alors qu'il courait vers le première vue des bœufs musqués, et qui sont maintenant en vue avec un chien, alors que le deuxième bœuf musqué tombait.

En revenant à ma proie, je découvris que c'était une vache, ce qui fut bien sûr une grande déception ; et ainsi, bien qu'assez bien rangé, je partis de nouveau vers le nord dans l'espoir d'avoir vent des deux autres des quatre après lesquels j'avais initialement commencé, ou de trouver des traces de traînards du troupeau principal. J'ai parcouru plusieurs kilomètres, mais ne trouvant aucune trace et la nuit tombant, je me suis retourné pour revenir, sachant que les Indiens suivraient et camperaient près des bœufs musqués tués pour la nuit. Mais alors que je voyageais, je me suis soudain rendu compte que, à part aller vers le sud, je n'avais vraiment aucune idée précise de la direction exacte dans laquelle je voyageais, et avec la nuit tombant et un vent glacial soufflant, je savais que me perdre risquait de me perdre. signifie facilement la mort. Je me suis donc retourné sur mes traces et les ai suivis d'abord jusqu'à l'endroit où j'avais tourné vers le sud, puis sur mes traces jusqu'à l'endroit où reposait le bœuf musqué. C'était une tâche longue et déroutante, car le vent avait toujours en partie, et sur des distances entièrement, effacé les premières marques de mes raquettes.

Il était neuf heures avant que j'atteigne enfin l'endroit où gisait la proie morte ; et là j'ai trouvé les Indiens en train de ronger de la graisse de bœuf musqué crue et à moitié congelée. Seco, gravement gelé et à peine capable de ramper à cause de la fatigue, n'est arrivé qu'à minuit ; et ce n'est qu'à son arrivée que nous allumâmes notre petit feu de bois et prenâmes notre thé.

À LA BAIE

Puis, par une température de soixante-sept degrés au-dessous de zéro, nous nous sommes roulés dans nos fourrures, tandis que les chiens hurlaient et se disputaient la carcasse de mon premier bœuf musqué.

II
LA QUESTION DES PROVISIONS

Sauf en été, lorsque les caribous courent en vastes troupeaux, s'aventurer dans les Terres arides implique de lutter à la fois contre le froid et la faim. C'est soit une fête, soit une famine ; plus souvent cette dernière que la première. Il n'y avait donc rien d'extraordinaire à être au troisième jour sans nourriture lors de la première mise à mort de bœufs musqués dont j'ai parlé. Pourtant, le manque de nourriture n'était peut-être pas aussi pénible que le vent, qui semblait souffler directement des mers gelées, si fort que nous devions nous pencher pour le repousser, et si âpre qu'il nous coupait cruellement le visage. Tout au long de mon voyage dans ce pays silencieux du Nord solitaire, le vent m'a causé des souffrances plus réelles que l'état de semi-famine dans lequel nous nous trouvions plus ou moins continuellement. En effet, pendant les premières semaines, j'ai eu de grandes difficultés à voyager ; le vent semblait couper le souffle de mon corps et l'activité de mes muscles. J'étais physiquement en excellente forme, car j'avais passé quelques semaines à Fort Résolution, sur le Grand lac des Esclaves, et avec beaucoup de viande de caribou et une course quotidienne de dix à vingt milles en raquettes pour rester en forme. à l'entraînement, j'étais à peu près aussi en forme que je l'ai été à tout moment de ma vie. C'est pourquoi la lutte acharnée contre le vent m'a d'autant plus impressionné. Mais la nouveauté s'est dissipée au bout de quelques semaines, et même si les conditions étaient toujours éprouvantes, elles sont devenues plus supportables à mesure que je m'habituais au combat quotidien.

L'une des premières leçons que j'ai apprises a été de garder mon visage libre de toute couverture et aussi rasé de près que possible dans de telles circonstances. Cela me fait sourire maintenant de me souvenir de la disposition élaborée de la capuche qui a été tricotée pour moi au Canada et qui me semblait alors l'un des articles les plus importants de mon équipement. Il couvrait toute la tête, les oreilles et le cou, avec des ouvertures uniquement pour les yeux et la bouche, et en ville, je l'avais considéré comme une grande trouvaille ; mais je l'ai jeté avant d'arriver à moins de mille milles des Terres Arides. La raison est évidente : ma respiration a transformé l'avant du capot en une couche de glace avant que j'aie couru trois milles ; et comme il n'y avait pas de feu dans les Terres Arides pour le dégeler, bien sûr, c'était une chose impossible à porter dans cette région et une chose médiocre dans n'importe quelle région à basse température. Après d'autres expériences, j'ai trouvé que le couvre-chef le plus simple et le plus confortable était mes propres cheveux longs, qui pendaient même avec ma mâchoire, attachés juste au-dessus des oreilles par un mouchoir, et le capuchon ouvert de ma capote en peau de caribou tiré vers l'avant. dans l'ensemble.

J'ai appris beaucoup de choses sur la chasse au bœuf musqué lors de ce premier effort, et la leçon non la moins mémorable a été la leçon sur la difficulté avec laquelle il est difficile de vaincre un animal sans l'aide d'un chien. Cela est uniquement dû à la configuration du terrain. Le caractère physique des Barren Grounds est du type vallonné ou prairie. Debout sur la première élévation après avoir dépassé le dernier bois, vous regardez vers le nord à travers une grande étendue de désert, un pays apparemment plat parsemé d'innombrables lacs et interrompu ici et là par des crêtes rocheuses. Lorsque vous entrez réellement dans le pays, vous constatez que ces crêtes, bien que peu élevées, sont pourtant plus hautes qu'elles ne le paraissent, et que le voyage est en général très difficile. En été, il n'est pas possible de traverser les Terres stériles, sauf en canot ; car, à l'exception du généreux dépôt de roche brisée, c'est pratiquement un vaste marécage. En hiver, bien sûr, celle-ci est gelée et recouverte d'un pied ou d'un pied et demi de neige. Ce fut une surprise de ne trouver pas de neige plus épaisse, mais l'automne est léger dans l'extrême nord, et les vents continus le tassent et le soufflent de telle sorte que ce qui reste au sol est ferme comme de la terre. Pour cette raison, les raquettes utilisées dans les Barren Grounds sont du modèle le plus petit utilisé au monde. Elles mesurent de six à huit pouces de largeur, trois pieds de longueur et, à cause du caractère sec de la neige, elles ont un laçage plutôt plus serré que n'importe quelle autre chaussure. C'est la chaussure utilisée également dans toutes les sections du fleuve Athabasca-Slave-Mackenzie. La neige, nulle part le long de cette ligne de déplacement, n'a plus de quelques pieds de profondeur, elle est légère et sèche et la chaussure de « trébuchement », ainsi appelée, est la meilleure possible pour ce genre de parcours. Au printemps, lorsque la neige est un peu plus forte, le laçage est plus ouvert, sinon la chaussure reste inchangée.

Il est bien connu, je suppose, que les Terres Arides sont absolument dépourvues non seulement d'arbres mais même de broussailles, à l'exception de quelques buissons épars et rabougris qu'en été on trouve à l'occasion à des endroits au bord de l'eau, mais qui peuvent ne pas être visibles. dépendait pour le carburant. Du Grand Lac des Esclaves au nord jusqu'à la lisière de la forêt, il y a environ trois cents milles ; au-delà se trouve une étendue de pays d'une centaine de milles peut-être, que les Indiens appellent de manière suggestive le pays des petits bâtons, sur laquelle sont dispersées et largement séparées de petites parcelles de petits pins, parfois d'un acre de superficie, parfois un peu moins et parfois un peu plus. Ils semblent être une chaîne d'îles boisées dans ce désert qui relient la ligne principale de bois (qui, soit dit en passant, ne se termine pas brusquement, mais s'étend sur plusieurs kilomètres, devenant de plus en plus mince jusqu'à ce qu'elle se termine, et le Pays des Petits). Les bâtons commencent) avec la dernière croissance libre ; et je ne les ai jamais trouvés plus proches l'un de l'autre qu'à une bonne journée de voyage. Un voyage d'environ trois ou quatre jours vous emmène à travers ce Pays des Petits Bâtons et vous amène jusqu'au dernier bois. Le dernier bois que j'ai trouvé était une parcelle d'environ quatre ou cinq acres avec des arbres de deux ou trois pouces de diamètre dans leur plus grand diamètre, bien qu'un ou deux arbres isolés mesuraient peut-être cinq ou six pouces. Ici, vous prenez le bois de chauffage pour votre voyage dans les Barrens.

On m'a souvent demandé pourquoi les périodes de famine que connaît la chasse au bœuf musqué ne pourraient pas être évitées en transportant de la nourriture. On m'a demandé, en un mot, pourquoi je n'avais pas transporté de fournitures. La réponse évidente est qu'en premier lieu je n'en avais pas à prendre ; et que, en deuxième lieu, si j'avais eu un wagon chargé sur lequel puiser au Grand Lac des Esclaves, j'aurais été incapable de transporter des provisions avec moi dans les Terres Arides. Il ne faut pas oublier que le Grand Lac des Esclaves, où j'ai aménagé pour les Terres stériles, est à neuf cents milles du chemin de fer, et que chaque livre de provisions est transportée habituellement par eau, ou en traîneau à chiens en cas d'urgence. Les postes de la Compagnie de la Baie d'Hudson, à partir d'Athabasca Landing, sont situés le long des grands cours d'eau – rivières Athabasca, des Esclaves et Mackenzie – environ tous les deux cents milles. Ce sont de petits postes de traite, ayant de la poudre et de la balle, et des choses à porter et des ornements, plutôt que des choses à manger. Les provisions sont prises, mais dans une mesure limitée, et il n'y a jamais d'hiver qui ne voit la fin des approvisionnements de la compagnie avant la débâcle des glaces et l'arrivée du premier bateau de l'année. Il n'y a jamais abondance, même pour la demande habituelle, et une demande inhabituelle, si l'on veut la satisfaire, signifie un rognage général. En faisant des raquettes depuis le chemin de fer jusqu'au Grand Lac des Esclaves, j'ai assuré des chiens de traîneau frais, des hommes et des provisions à chaque poste, ce qui m'a conduit au poste suivant au nord, d'où les hommes et les chiens sont retournés à leur propre poste, tandis que je poursuivais vers le nord avec un nouvel approvisionnement. Même s'il y en avait relativement beaucoup au moment de mon voyage, les magasins sont si soigneusement entretenus que je n'ai jamais pu obtenir des provisions juste assez pour me transporter au poste suivant ; et ceux-ci étaient invariablement lésinés, de sorte que pour un voyage de cinq jours, je partais habituellement avec environ quatre jours de provisions.

Il est donc facile de comprendre pourquoi il n'y avait pas de provisions au Grand Lac des Esclaves sur lesquelles je pouvais puiser ; et, comme je l'ai dit, s'il y en avait eu en abondance, il m'aurait été impossible de les transporter (et cela aurait été également le cas pour quiconque s'aventurant dans les Terres Arides à la même saison de l'année) simplement par manque de ressources. le transport, qui est après tout le grand problème de ce pays du Nord. On pourrait penser que dans un pays où le seul moyen de déplacement pendant la majeure partie de l'année, où presque l'existence même des gens dépend si largement des chiens de traîneau, il y en aurait en abondance et de la meilleure race ; cependant la vérité est que les chiens de traîneau de toute sorte sont rares, même sur les voies fluviales. Aux postes de la compagnie, il n'y a pas plus d'un, ou tout au plus deux trains de réserve ; parmi les Indiens, sur lesquels, bien entendu, j'ai dû compter pour m'équiper pour les Terres Arides, les chiens sont encore plus rares. Fort Résolution est l'un des postes les plus importants de la Compagnie de la Baie d'Hudson dans tout ce grand pays, et pourtant la colonie elle-même est très petite, on en compte peut-être cinquante ; les Indiens, Dog Ribs et Yellow Knives, vivant dans les bois à six ou dix jours de voyage du poste. Non seulement j'ai trouvé extrêmement difficile de convaincre les Indiens de m'accompagner, mais j'ai obtenu sept attelages de chiens seulement après des recherches approfondies. Cela semble étrange, j'en suis sûr, mais il m'était pratiquement impossible d'obtenir le nombre de chiens et de traîneaux requis pour mon voyage.

Mais, ont demandé certains de mes amis, avec sept traîneaux et vingt-huit chiens, il y avait sûrement de la place pour transporter suffisamment de provisions pour se protéger contre la famine dans les Terres Arides ? Pas du tout. Il n'y avait pas de place pour transporter autre chose que du thé, du tabac, nos fourrures, des mocassins et des chaussettes polochons. Les mocassins, les sacs de sport, le tabac et le thé sont les articles essentiels de la tenue Barren Ground. Le polochon est une sorte de couverture légère qui est transformée en leggings et également en chaussettes. Vous portez trois paires à l'intérieur de vos mocassins, et le soir, si vous avez été bien conseillé, vous mettez à côté de vos pieds une pantoufle mocassin de bœuf musqué à naître, poil à l'intérieur. Il ne faut pas oublier que dans les Terres Arides, vous n'avez pas de feu pour décongeler ou sécher les vêtements gelés et mouillés. Le petit feu dont vous disposez suffit à peine à faire du thé. Il faut donc beaucoup de sacs de voyage et de mocassins, premièrement pour avoir une monnaie sèche et fraîche, et deuxièmement, pour les reconstituer à mesure qu'ils s'usent, comme ils le font plus qu'ailleurs, à cause du terrain rocheux. Quant au thé et au tabac, aucun être humain ne pourrait supporter le froid et les rigueurs d'un voyage hivernal dans la Barren Ground sans se mettre chaque jour quelque chose de chaud dans l'estomac, tandis que le tabac est à la fois un stimulant et un réconfort. L'espace laissé sur le traîneau après avoir rangé le thé, le tabac, les mocassins et le sac doit être rempli avec les bâtons que vous coupez en morceaux (juste la largeur du traîneau) au dernier bois en bordure des Terres Arides proprement dites. Le traîneau est un toboggan d'environ neuf pieds de longueur et un pied et demi de largeur, fait de deux ou trois lattes de bouleau maintenues ensemble par des traverses attachées dessus avec des lanières de caribou, retournées et retournées à l'avant en dasher, qui est recouvert d'un tablier de caribou (parfois décoré de peintures grossières) et maintenu dans sa position courbée par des cordons de babiche, comme on appelle les lanières en peau de caribou, la même matière qui fournit le laçage des raquettes. Sur ce traîneau est monté un corps en peau de caribou, d'environ sept pieds de longueur, sur toute la largeur du traîneau et d'un pied et demi de profondeur. La charge y est rangée. Ensuite, les côtés supérieurs sont rapprochés et le tout fermement attaché au traîneau par des lignes latérales. Cela doit être fait avec le soin et la sécurité accordés à l'attelage en diamant utilisé sur les bêtes de somme ; car le traîneau, au cours d'une journée de voyage, est brutalement renversé.

Il me semble qu'il n'est pas nécessaire d'expliquer davantage pour montrer pourquoi il n'est pas possible de transporter des provisions.

Un de mes amis, à mon retour de ce voyage, m'a suggéré la possibilité d'envoyer des chiens dans le pays ; de faire, en un mot, un peu comme le font les expéditions de chasse à la perche. Cela serait peut-être possible à un riche aventurier, mais, malgré cela, je considérerais cela comme une expérience aux résultats très douteux, simplement à cause de l'impossibilité de nourrir les chiens après leur arrivée dans le pays, ou de subvenir à leurs besoins après leur arrivée. a commencé dans les Terres Arides. Il y a une période de l'été au Grand Lac des Esclaves où un certain nombre de chiens peuvent être suffisamment nourris avec les quantités de poissons qui seront ensuite capturées dans le lac ; et sans doute on pourrait stocker assez de poisson pour les nourrir dans la saison où les lacs sont gelés, si les chiens restaient au poste. Néanmoins, cela occuperait un certain nombre de pêcheurs particulièrement engagés. Mais si vous partiez pour les Terres Tarides avec tous ces chiens, votre problème d'alimentation serait effectivement très grave, car ce n'est qu'au milieu de l'été, lorsque les caribous se trouvent en grands troupeaux, qu'il serait possible de tuer de la viande pendant une grande partie de l'année. beaucoup de chiens ; et au milieu de l'été, vous ne voudriez pas, ne pourriez pas du tout utiliser de chiens ; à cette époque, les Terres stériles sont envahies au moyen de la chaîne de lacs et de courts portages qui commencent à l'extrémité nord-est du Grand Lac des Esclaves. Même en voyageant le long de la rivière, la question de la nourriture pour chiens est une question sérieuse, et vous êtes obligé de transporter le poisson capturé l'été précédent et stocké aux postes en grands tas gelés. Il est donc évident qu'il n'existe pas de moyen facile ou confortable d'accéder aux Terres Arides. Il serait impossible de faire autre chose que de compter sur les ressources disponibles et de pénétrer dans les terres silencieuses, tout comme le font les Indiens. Il est tout simplement impossible de faire autre chose que de dépendre du caribou et du bœuf musqué pour la nourriture des hommes et des chiens.

III
SAISONS ET ÉQUIPEMENTS

Le milieu de l'été est la saison où le chasseur peut visiter les Terres Arides avec le moins d'inconfort et le moins de danger, car à cette époque on y va en canoë. Les caribous sont nombreux et le thermomètre descend rarement en dessous du point de congélation. Mais même dans ce cas, les épreuves sont nombreuses et le danger de mourir de faim est considérable. Les moustiques sont des ravageurs presque insupportables, et les caribous, bien qu'abondants, descendent vers l'Arctique et ont des déplacements très incertains. Leur parcours de migration, une année, peut être de cinquante à cent milles à l'est ou à l'ouest de l'endroit où il se trouvait l'année précédente. Dans les 350 000 milles carrés des Terres stériles, on peut facilement passer des jours entiers sans trouver de caribou, même à une époque d'abondance ; et ne pas les trouver pourrait facilement signifier la famine.

En infériorité numérique

Les voyages les plus étendus dans les Terres Arides pour les bœufs musqués avant mon aventure avaient été effectués par deux Anglais, Warburton Pike et Henry Toke Munn. M. Pike (un chasseur d'expérience dont le livre « Barren Ground of Northern Canada », publié en 1892, constitue toujours l'une des contributions les plus intéressantes et les plus fidèles à la littérature sur le sport et l'aventure) a passé la majeure partie de deux ans à ce pays et fit plusieurs voyages d'été et d'automne dans les Terres Arides. Il a fait un voyage d'été uniquement dans le but de tuer et de cacher des caribous, sur lesquels il pourrait puiser lors de la prochaine chasse au bœuf musqué à l'automne, lorsque les caribous seraient rares. Cependant, malgré toute cette préparation, il connut une période très difficile lors de la chasse d'automne et ne put accomplir tout ce qu'il entreprenait. Il a cependant obtenu le bœuf musqué qu'il recherchait. Lors du voyage d'automne de Munn, bien qu'il n'y ait pas encore eu de poissons dans les lacs, lui, son groupe et leurs chiens ont vraiment passé un moment affamé. Je détaille ces deux voyages pour illustrer les difficultés de la chasse dans les Terres Arides, même lorsque les conditions sont les plus favorables qui puissent être réunies.

Les Indiens chronométrent leurs voyages de chasse dans les Terres stériles en fonction du mouvement des caribous : au début de l'été, vers mai, lorsque les caribous commencent leur migration des bois vers l'océan Arctique ; et au début de l'automne, lorsque les caribous sont assez bien répartis et retournent vers la forêt. Le caribou est absolument essentiel à la pénétration des Terres Torides, parce que des bois jusqu'à l'endroit où se trouvent les bœufs musqués, il y a une distance considérable, et il n'y a pas de viande possible sauf celle fournie par ces membres de la famille des cerfs. Et un voyage dans les Terres Arides n'est pas toujours récompensé par des bœufs musqués. De nombreux groupes indiens sont entrés et n'ont même pas vu une piste, et beaucoup d'autres ont combattu le long du bord, redoutant de plonger dans l'intérieur et espérant peut-être un bœuf égaré. Les Indiens, qui ne chassent plus autant aujourd'hui le bœuf musqué qu'autrefois en raison de la moindre demande de peau, y vont généralement par groupes de quatre à six ; jamais moins de quatre, parce qu'ils seraient incapables de transporter une réserve de bois suffisante pour pénétrer suffisamment loin dans les Barren Grounds pour avoir un espoir raisonnable de sécuriser le gibier ; et rarement plus de six, parce que lorsqu'ils sont arrivés aussi loin dans le pays que le permettent six traîneaux de bois, soit ils ont obtenu ce qu'ils voulaient, soit ils en ont assez du froid et de la faim pour prendre le chemin du retour. Seuls les plus robustes font le voyage ; Être un chasseur de bœufs musqués et un coureur de raquettes endurant est l'ambition la plus chère et la plus grande hauteur que l'Indien du Far Northland puisse atteindre.

Avant de commencer mon voyage, j'avais beaucoup entendu parler du pemmican et je pensais qu'on pouvait s'en procurer dans presque tous les postes du nord, tout en supposant qu'il constituait une source fiable de nourriture. La vérité est cependant que le pemmican est un produit très rare de nos jours dans cette région du pays et qu'en fait on ne le trouve nulle part au sud du Grand lac des Esclaves, et seulement là-bas à l'occasion. C'est en grande partie parce que les caribous ne sont plus aussi nombreux qu'autrefois, et que les Indiens préfèrent garder la graisse pour leur consommation domestique, lorsqu'ils sont à l'aise dans leurs camps d'automne. Même parmi les Indiens de la région du Grand Lac des Esclaves, le pemmican n'est que très peu utilisé dans les voyages ordinaires. Elle a été remplacée par de la viande de caribou pilée, transportée dans de petits sacs en peau de caribou et mangée avec de la graisse. On ne trouve jamais trop de graisse dans le Northland, où on la consomme comme certains consomment du sucre dans le monde civilisé. Et cela s'explique par la brûlure des tissus dans les climats froids et secs et par l'absence de pain et de légumes ; car la viande et le thé sont les seuls aliments. Soit dit en passant, le café est un luxe que l'on ne trouve qu'occasionnellement sur la table d'un agent de poste de la Compagnie de la Baie d'Hudson.

Il y a tellement de choses à dire, si l'on veut donner une idée adéquate de ce qu'implique la chasse au bœuf musqué, que j'ai du mal, sans m'étendre très longuement, à couvrir l'ensemble du domaine. Je suppose que c'est parce que le bœuf musqué est l'animal le plus inaccessible du monde entier, qu'il y a tant de curiosité quant aux conditions de sa chasse, et tant d'intérêt pour le récit de son expérience. De temps en temps, je reçois un grand nombre de lettres remplies de questions, et je suis et serai toujours heureux d'ajouter dans mes lettres personnelles toutes les données que j'aurais pu négliger ici. J'essaie cependant de rendre ce chapitre tout à fait pratique et intelligible pour ceux qui envisagent de rechercher un jour le bœuf musqué dans cette région. Le moyen le plus simple, comme je l'ai dit, est de prendre le bateau de la Hudson's Bay Trading, qui quitte Athabasca Landing dès que la glace se brise, jusqu'à Résolution. Si vous avez convenu au préalable par lettre avec le facteur de Résolution, vous y arriverez à temps pour faire une chasse d'été dans les Terres Arides, auxquelles on atteint, comme je l'ai montré, au moyen de courts portages et d'une chaîne de lacs, en commençant par du coin nord-est du Grand lac des Esclaves et en suivant la rivière Lockhart. Si vous n'êtes pas retardé et n'allez pas trop loin dans les Terres arides, vous aurez une chance de sortir et de revenir à Athabasca Landing sur l'eau ; mais il faudrait que tout se passe comme vous le souhaitez et que le voyage soit le plus rapide possible pour y parvenir. Si vous n'étiez pas dehors à temps pour naviguer en eau libre, il vous faudrait parcourir neuf cents milles en raquettes à neige ou vous arrêter jusqu'au printemps suivant, lorsque la glace se briserait à nouveau.

Le gouvernement canadien protège les bœufs musqués depuis plusieurs années et pour chasser, il faut obtenir un permis spécial de ce gouvernement. La protection du bœuf musqué ne semble guère nécessaire, car bien que les expéditions polaires en aient massacré un grand nombre au Groenland et dans les îles arctiques, leur massacre dans les Terres Arides proprement dites n'a jamais été et ne sera jamais suffisamment important pour inquiéter le gouvernement canadien. Le bœuf musqué appartient à un genre qui semble être en déclin parmi les animaux du monde, mais si les animaux des Terres arides disparaissent , ce ne sera certainement jamais à cause de leur meurtre par les hommes blancs ou les Indiens. Si une grande valeur était attachée à la peau, cela pourrait être une autre histoire ; mais la vérité est que la robe de bœuf musqué n'est pas une fourrure précieuse ; elle est même très peu recherchée. Il est trop grossier à porter, et le seul usage auquel il semble admirablement adapté est celui de robe de traîneau.

Il n'y a aucune difficulté à recruter des Indiens pour la chasse d'été, car alors le travail est léger comparé à celui de la chasse en raquettes, et il n'y a pas lieu de s'inquiéter beaucoup des provisions. Il n'y aurait pas non plus très peu de difficultés à trouver des Indiens pour le début de l'automne. La grande difficulté que j'ai rencontrée pour organiser ma fête était uniquement due à la période de l'année à laquelle je m'y suis lancé. Je ne recherchais pas particulièrement les difficultés, mais je devais y aller lorsque je pouvais m'éloigner de mes obligations professionnelles, ce qui m'a amené au Grand Lac des Esclaves le premier mars. Février et mars sont les deux mois les plus rigoureux de l'année dans les Terres Arides. C'est le moment où les tempêtes sont à leur paroxysme et le thermomètre au plus bas. Personne n'était jamais entré dans les Terres Arides à cette époque, et les Indiens, qui répugnent beaucoup à s'aventurer dans un pays inconnu ou à une saison inhabituelle, n'étaient pas enclins à m'accompagner. En fait, ce n'est que grâce à l'intervention diplomatique du chef et aux bureaux extrêmement aimables du facteur de poste de la Compagnie de la Baie d'Hudson, Gaudet, que j'ai réussi à me lancer.

Peut-être qu'il servira à ceux qui envisagent un tel voyage d'enregistrer ici mon équipement personnel.

Une robe d'hiver en peau de caribou, doublée d'une paire de couvertures à 4 points de la Compagnie de la Baie d'Hudson.

Une capote d'hiver en peau de caribou (manteau avec capuche).

Un gros pull.

Deux paires de mitaines doublées de fourrure d'orignal.

Une paire de gants en peau d'orignal. (Porté à l'intérieur des mitaines.)

Une paire de strouds (leggings amples).

Trois mouchoirs en soie.

Huit paires de mocassins.

Huit paires de chaussettes polochons.

Une bouilloire en cuivre (pour faire bouillir le thé).

Une tasse.

Carabine à demi-chargeur Winchester 45-90.

Couteau de chasse. (Voir coupe page 45.)

Boussole.

Thermomètre à alcool.

10 livres de thé.

12 livres de tabac.

Plusieurs boîtes d'allumettes.

Silex, acier et amadou.

Deux bouteilles de liniment mustang (qui a rapidement gelé et est resté ainsi ; heureusement que je n'ai pas eu l'occasion de l'utiliser).

De plus, j'avais sur moi, en cas d'urgence, comme l'amputation d'orteils gelés ou d'autres incidents tout aussi désagréables, un bistouri, des pastilles antiseptiques, des bandages et de l'iodoforme. De cet équipement, aucun article n'était peut-être plus important que les gants en peau d'orignal et les armures. Les gants se portent à l'intérieur des mitaines et sont portés toujours ; on ne va jamais à mains nues dans les Terres Arides, à toute heure du jour ou de la nuit, si l'on est sage. Les pantalons (montant au-dessus du genou et maintenus par une lanière et une boucle attachées à la ceinture) captent la poussière de neige volante et gelée des raquettes, protégeant ainsi le pantalon. J'ai oublié d'ajouter, en passant, que je portais un pantalon à frise irlandaise, coupé petit dans le bas pour pouvoir être facilement noué autour des chevilles. Mes sous-vêtements étaient des plus lourds et je portais une paire de pantoufles mocassins faites de veau musqué à naître, avec de la fourrure à l'intérieur. Si jamais vous faites un voyage après les bœufs musqués, n'apportez rien de l'extérieur, sauf votre fusil, vos munitions et votre couteau. Tout le reste, vous devez le sécuriser à la pourvoirie. Il n'y a rien au monde qui égale la capote en peau de caribou pour voyager dans le Northland ; il est très léger et pratiquement imperméable au vent. Vous emporterez également avec vous un tipi en peau de caribou. Ce tipi, ou lodge, n'est pas transporté pour votre confort ou votre protection contre les intempéries, mais entièrement pour la protection de votre feu de camp ; parce que le vent furieux qui balaie les Terres Arides en hiver non seulement éteindrait votre flamme, mais emporterait également votre bois. Les bâtons de votre lodge sont coupés jusqu'au dernier bois et attachés sur le côté du traîneau.

En été, la question du transport est beaucoup plus simple ; vous y allez en canot et vous n'avez pas besoin de strouds ni de capote d'hiver en peau de caribou. Il y a une très grande différence entre les peaux de caribou d'hiver et celles d'été, et ces dernières sont utilisées pour les voyages d'été. Vous n'avez pas non plus besoin d'un tipi en été.

IV
MÉTHODE DE CHASSE

Chez les Indiens qui vivent au sud et à l'ouest des Barren Grounds (aucun Indien ne vit dans les Barren Grounds), la méthode de chasse au bœuf musqué est pratiquement la même et, comme je l'ai montré au début de cet article, elle C'est parce que les Indiens manquent de compétences de chasse élevées et parce que leurs chiens ne sont ni dressés ni courageux qu'ils ne tuent pas davantage. Les chasseurs blancs et les chiens dressés pouvaient pratiquement anéantir tous les troupeaux de bœufs musqués qu'ils rencontraient ; car s'il est vrai que les bœufs musqués vous permettent de courir longtemps une fois que vous les avez aperçus, cependant, lorsque vous les approchez, lorsque les chiens les ont amenés aux abois, c'est presque comme tirer sur du bétail dans un corral. Il y a toujours un long terme. Je pense que je n'ai jamais eu moins de trois milles, et lors de la première chasse que j'ai décrite, j'ai dû en courir neuf ou dix. Mais, comme je l'ai dit, quand vous les atteignez, c'est facile, car ils résisteront aux chiens aussi longtemps que les chiens les aboient. Et toutes ces courses seraient inutiles si les Indiens faisaient preuve de plus d'habileté et de jugement en matière de chasse.

VEAU DE BŒUF MUSQUÉ DE L'EST DU GROENLAND

Recueilli à Fort Conger par le commandant RE Peary, USN (d'après une photographie fournie par l'American Museum of Natural History)

TÊTE D'UN TAUREAU DE BŒUF MUSQUÉ DE DEUX ANS

Tué et photographié dans les Terres Arides par l'auteur. Les cornes commencent tout juste à montrer une tendance à la baisse. Les cheveux sur le front sont gris, courts et quelque peu bouclés. L'arrière-plan est le tipi mentionné dans le texte.

Bien que la forme des prairies du pays ne soit pas tout à fait la meilleure pour traquer, on pourrait néanmoins traquer relativement près d'un troupeau avant de lâcher les chiens. Les Indiens ne font jamais cela, et de plus, les chiens poussent des jappements et des hurlements dès qu'ils aperçoivent la proie. C'est bien entendu ce qui commence par les bœufs musqués, qui choisissent invariablement la partie la plus rude du pays, pensant sans doute, et à juste titre aussi, que leurs poursuivants auront plus de mal à les suivre. Il ne faut pas toujours compter sur les chiens indiens, car ils ont tendance à chasser en groupe, et toute votre bande de chiens est susceptible de s'arrêter et de retenir seulement trois ou quatre traînards du troupeau pendant que le reste des bœufs musqués s'échappent. . Parfois, lorsqu'ils arrêtent pratiquement tout le troupeau, les chiens sont très susceptibles, avant que vous les atteigniez, de se déplacer, de quitter leur position initiale et de se rapprocher progressivement ; peut-être que la meute entière de chiens n'en a finalement retenu qu'une demi-douzaine, tandis que le reste des bœufs musqués a continué à courir. Les bœufs musqués, lorsqu'ils sont arrêtés, forment invariablement un cercle, la poupe rentrée et la tête sortie ; peu importe que le troupeau soit trente ou une demi-douzaine, leur action est la même. S'il n'y en a que deux, ils se tiennent de poupe à poupe, face à l'extérieur. J'ai vu un seul bœuf musqué adossé à un rocher. Apparemment, ils ne se sentent en sécurité que lorsque leur poupe se heurte à quelque chose.

La chasse aux bœufs musqués sur la côte arctique ou dans les îles arctiques, à la manière des expéditions polaires, est une proposition beaucoup plus simple. Là, les chasseurs sont toujours relativement près de leur base de ravitaillement, et, de toute évidence, les bœufs musqués sont plus nombreux qu'ils ne le sont dans l'intérieur. Selon Frederick Schwatka, les Innuits chassent le bœuf musqué avec une grande habileté. Ils attelent leurs chiens au traîneau d'une manière différente de la méthode des Indiens du sud. Les Indiens du Sud attelent leurs quatre chiens en tandem entre deux traces communes, une de chaque côté ; tandis que chaque chien esquimau a sa propre trace, qui est attelée indépendamment au traîneau. Lorsque les Inuits aperçoivent les bœufs musqués, chaque chasseur prend les chiens de son traîneau et, tenant leurs traces à la main, se met en route après la chasse. La sagesse de cette méthode est double : en premier lieu, elle aide infiniment le chasseur qui court, car les quatre ou cinq chiens qui s'efforcent de le tirer pratiquement ; en effet, Schwatka dit que lorsque ces Innuits arrivent à une colline, ils s'accroupissent et glissent en bas, se jetant de tout leur long sur la neige de la berge ascendante, sur laquelle les chiens excités les entraînent sans aucun effort de la part du chasseur. Je voudrais ajouter ici que si un tel plan était poursuivi dans les Terres Arides au-dessus des crêtes rocheuses, les restes du chasseur ne seraient plus intéressés par la chasse au bœuf musqué au moment où le sommet d'une crête serait atteint. Sérieusement, le principal avantage de ce style de chasse est que le chasseur contrôle ses quatre à six chiens, le nombre habituel du traîneau esquimau. Lorsqu'ils ont rattrapé le troupeau de bœufs musqués, il les perd alors et il est là pour commencer l'action. Les chiens esquimaux sont de race très supérieure à ceux utilisés par les Indiens plus au sud, et sont également dressés pour courir en silence.

Les chances d'attraper des bœufs musqués dans les Barren Grounds ne sont pas aussi bonnes en été qu'en hiver, car en voyageant en canot, vous êtes évidemment tenu de vous en tenir à la chaîne de lacs, et votre route est donc prescrite, car elle est impossible. parcourir le pays à volonté comme en hiver quand tout est gelé. Une journée de chasse ressemble à une autre. Il n'y a rien pour allumer l'oeil de l'amoureux de la nature. En hiver, c'est comme voyager sur une grande mer gelée ; en été, c'est une grande étendue désolée de mousse et de lichen, parsemée de lacs et de crêtes rocheuses, qui n'observent personne ni aucune direction particulière. Il y a une mousse noire que les Indiens brûlent quelquefois s'ils la trouvent assez sèche, et un petit arbuste qui fournit un thé amer si le thé de la civilisation est épuisé. Presque tous les lacs sont poissonneux, et un chasseur devrait réellement, avec de l'expérience et du jugement, entrer et sortir en été sans souffrir de famine excessive.

Warburton Pike, qui a étudié les Terres Arides en été plus minutieusement que tout autre homme vivant, signale des endroits couverts de fleurs sauvages qui ne poussent pas en hauteur mais avec une profusion relative et une certaine beauté.

La distance que vous parcourez pendant une journée d'été dans les Terres stériles peut dépendre entièrement de votre inclination, car avec les poissons et les caribous en mouvement, vous êtes assez bien assuré contre la faim, et le temps est relativement chaud et permet de s'attarder le long de la route. En hiver, c'est une tout autre histoire, car la nourriture est toujours un problème et chaque jour, elle puise dans ses maigres réserves de bois. Bien sûr, plus vous pénétrez loin, plus vous vous rapprochez de la côte arctique, plus vous avez de chances d'apercevoir des bœufs musqués ; et plus vous voyagez vite, bien sûr, plus vous pouvez pénétrer loin. Nous parcourions en moyenne une vingtaine de kilomètres par jour. Cela signifie que nous sommes restés occupés toutes les heures depuis le début jusqu'au camping. L'heure du départ dépendait dans une large mesure de la présence ou non de la lune. S'il y avait une lune, nous partirions de manière à être bien en route à la lumière du jour, qui, lorsque nous entrions pour la première fois dans les Terres Arides, serait vers neuf heures. S'il n'y avait pas de lune, nous attendions la lumière du jour. Il y avait toujours une lune à moins qu'elle ne prenne d'assaut ; mais il faisait rage la plupart du temps. Mais quand il y avait une lune, elle était toujours pleine. En voyageant du Lac La Biche au Grand Lac des Esclaves sur les rivières gelées, où il s'agissait simplement de se déplacer d'un poste à un autre, nous partions vers deux heures du matin, le soleil se levant vers dix heures. et se couchant vers trois heures, et l'obscurité tombant presque immédiatement après. Dans cette rivière, j'ai parcouru en moyenne trente-cinq milles par jour sur (environ) neuf cents milles.

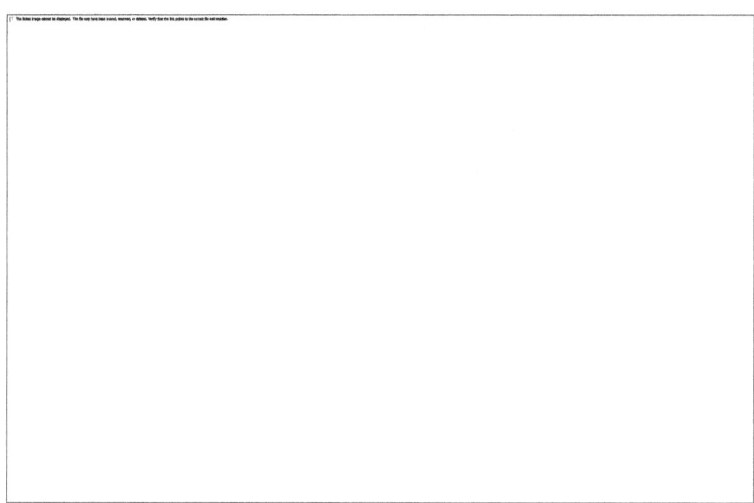

BŒUFS MUSQUÉS SUR LE CAP MORRIS JESUP (88° 39′ Lat. Nord).
APPORTÉ À LA BAIE PAR DES CHIENS LE 17 MAI 1900

Les animaux se trouvent à moins d'un quart de mile de la limite extrême nord de la terre la plus septentrionale du globe. Photographie gracieuseté de Robert E. Peary, par l'expédition duquel elle a été prise.

Couteau et hache de chasse en terre stérile de l'auteur (14 pouces de long)

Je pense que l'heure la plus éprouvante des vingt-quatre heures de la journée à Barren Grounds était celle du camping, l'après-midi. Beniah choisissait invariablement la position la plus élevée et la plus exposée, afin que notre tipi soit le plus visible aux éclaireurs, tenus toute la journée de chaque côté à la recherche de caribous ou de bœufs musqués ; et il y avait toujours des discussions tardives entre les Indiens entre eux, tandis que moi, glacé jusqu'aux os par l'inaction, j'attendais la fin de la discussion avant qu'il soit possible de commencer à construire le camp. Parce que la neige était si dure qu'il était impossible de l'enlever avec les raquettes, on recherchait toujours un site rocheux, où nous adaptions notre corps du mieux que nous pouvions au terrain accidenté. Une fois le camping définitivement choisi, les traîneaux formèrent un cercle se touchant la tête et la queue ; puis trois poteaux de loge, attachés ensemble au sommet, étaient disposés en forme de triangle, les extrémités étant enfoncées dans les traîneaux pour leur donner une base solide, et les quatre poteaux restants étant placés de manière à former un cône du triangle. Au-dessus et autour de celui-ci était étendu le tipi en peau de caribou, dont le bord inférieur était rabattu vers l'extérieur des traîneaux. Des blocs de neige étaient ensuite coupés et accumulés autour de l'extérieur du tipi et contre les traîneaux ; tout cela en ancrant fermement le tipi, qui était si bas que la tête et les épaules seraient découvertes lorsque l'on se tiendrait debout au centre ; mais cela n'avait aucune conséquence, la loge n'étant érigée que pour se protéger du feu. Une courte perche, également transportée du dernier bois, était attachée d'un côté à l'autre du tipi, aux poteaux de la loge proprement dite, et à celle-ci, attachée par un morceau de babiche et un bâton fourchu, était suspendue la bouilloire. Alors, tout étant prêt, quatre ou cinq bâtons furent pris également sur les traîneaux et fendus en petit bois avec le lourd couteau qu'on doit porter pour chasser le bœuf musqué. Bien entendu, le feu ne fournissait aucune chaleur ; il n'a pas été construit dans ce but ; il s'agissait simplement de faire bouillir le thé, et peut-être que je peux mieux donner une idée de sa taille en disant qu'au moment où la neige dans la bouilloire avait fondu en eau et que l'eau avait commencé à bouillir, le feu était épuisé. Pendant que le thé flambait et que le thé se préparait, le cercle serré de sept hommes affamés, épaule contre épaule, s'accroupissait autour de la lumière, imaginant qu'un peu de chaleur devait provenir de cette petite flamme sautillante. À l'extérieur de cet autre cercle de traîneaux, les chiens reniflaient, reniflaient et hurlaient. Une fois, j'ai enlevé mes gants, dans l'idée de me réchauffer les doigts. Je n'ai pas fait de seconde expérience de ce genre.

Après avoir bu le thé, nous nous sommes roulés dans nos robes de fourrure, allongés côte à côte autour du tipi, les pieds vers le feu et la tête contre le traîneau, les genoux dans le dos de l'homme à côté de vous et les raquettes sous la tête. loin des chiens qui mangeraient le laçage. Ce n'était qu'une préparation au sommeil ; Le véritable sommeil, même pour des hommes aussi fatigués que nous, ne venait jamais avant que les chiens n'aient fini de se battre pour nous ; car dès que nous étions roulés dans nos robes, les chiens affluaient invariablement dans le tipi. Comme il y avait vingt-huit chiens et que la loge avait environ sept pieds de diamètre à sa base, je n'ai pas besoin de décrire davantage la situation. La vérité est qu'aucune heure du jour ou de la nuit n'était plus misérable que celle-ci, lorsque ces brutes à moitié affamées se battaient pour nous et sur nous avant de finalement s'installer sur nous. Par grand froid, un chien recroquevillé à vos pieds ou dans votre dos n'est pas désagréable ; mais en avoir un couché sur la tête, un autre sur les épaules ou les hanches, ou peut-être un troisième sur les pieds, et vous allongé sur le côté sur un sol rocheux et inégal – croyez-moi sur parole, l'expérience n'est pas heureuse. Bien entendu, vous êtes entièrement enveloppé, la tête et les bras également, dans votre robe de nuit ; si vous vous levez pour faire tomber les chiens, vous ouvrez votre robe au froid : et les chiens reviendraient sur vous aussitôt que vous vous étiez couché.

Tout est dans le jeu du bœuf musqué ; et ainsi vous endurez.

V
LE BŒUF MUSQUÉ

LE BŒUF MUSQUÉ DE LA TERRE STÉRILE—(*Ovibos moschatus*)

Un taureau adulte. (D'après une photographie fournie par le Musée américain d'histoire naturelle)

Bien qu'il n'y ait rien dans l'apparence ou dans la vie du bœuf musqué qui suggère une romance, les Indiens et les Esquimaux l'entourent pourtant de beaucoup de mystère. Ils disent qu'il n'est pas comme les autres animaux, qu'il est rusé et leur joue des tours, qu'il n'est pas prudent de s'en approcher, qu'il comprend ce qui se dit. Les Indiens parmi lesquels j'ai voyagé ont une tradition selon laquelle, il y a de nombreuses années, une femme errait dans les Terres Arides, se perdit et fut finalement transformée en bœuf musqué par « l'ennemi ». Peut-être cela explique-t-il l'habitude occasionnelle qu'ont ces Indiens, lorsqu'ils poursuivent les bœufs musqués, de leur parler, de leur instruire la direction de leur fuite, etc. Plusieurs auteurs soutiennent que ces Indiens, lorsqu'ils chassent, ne parlent pas aux autres animaux ; mais je les ai entendus bavarder en chassant le caribou de la même manière qu'ils le font lorsqu'ils courent après les bœufs musqués. La raison pour laquelle les Indiens devraient considérer le bœuf musqué comme rusé ou féroce me semble être le seul élément mystérieux de la discussion ; un animal moins féroce pour sa taille serait, me semble-t-il, impossible à trouver. Plusieurs explorateurs de l'Arctique qui ont écrit sur le bœuf musqué le qualifient également de « formidable » et de « féroce », mais ce sont les derniers adjectifs que je devrais appliquer à la créature. Les Indiens et certains auteurs de l'Arctique disent aussi qu'il est dangereux de s'en approcher, surtout lorsqu'on est blessé. Mon expérience ne confirme pas cette affirmation. Nous avons rencontré environ cent vingt-cinq bœufs musqués, tuant quarante-sept personnes, et je n'en ai pas vu un seul qui suggère même la propension à charger pour laquelle on lui attribue le mérite. Ils se tiennent la tête baissée, accrochent les chiens les plus proches et font parfois un mouvement en avant, presque un bluff pour charger, mais je n'en ai jamais vu charger réellement un chien, encore moins un homme. Je ne crois pas qu'on puisse les inciter à rompre le cercle qu'ils forment invariablement, comme ils le feraient bien sûr en chargeant. Un jour, j'ai blessé un bœuf musqué suffisamment gravement pour pouvoir l'écraser sur et autour d'une série de courtes crêtes jusqu'à ce qu'il s'arrête finalement. Il était entièrement seul, et j'étais sans chien, et quand je fus arrivé à moins de soixante-quinze pieds de lui, il s'arrêta brusquement de courir et me fit face, plaçant sa poupe contre un rocher, ou plutôt dessus, car c'était le cas. un assez petit rocher. Je me suis approché à environ trente ou quarante pieds de lui et j'ai pris une balle dans la tête. J'ai pensé voir si je pouvais atteindre son cerveau, mais le bossage de sa grande corne frontale le protège, à l'exception de la petite ouverture d'un pouce où les cornes sont divisées. Puis, dans l'idée de lui mettre une balle derrière l'épaule ou derrière l'oreille, j'ai essayé de me mettre à son côté, mais à mesure que je bougeais, il bougeait, gardant toujours la tête droite vers moi, et nous faisions plusieurs cercles complets ; Pourtant, pendant ce laps de temps, je suppose dix ou quinze minutes, il n'a jamais proposé de charger. Si un chien errant n'était pas venu vers moi et n'avait pas attiré l'attention du taureau, je n'aurais probablement jamais eu la chance de recevoir une balle dans l'épaule. M. Pike, que, parmi les hommes vivants, je considère comme ayant fait l'étude la plus approfondie du bœuf musqué, est entièrement d'accord avec mon point de vue sur l'animal en ce qui concerne sa charge. Peut-être que le bœuf musqué pourrait charger si vous vous approchiez et lui tiriez l'oreille, mais je doute qu'il le ferait sous moins de provocation, et en réalité, je ne suis pas si certain qu'il le ferait même alors. Il semble être une créature stupide et douce, tout sauf « féroce ». Dans une petite bande de huit personnes que nous avions séparées du troupeau principal et tuées, un veau d'un an courait contre mes jambes, cherchant apparemment à se protéger des chiens, exactement comme le ferait un jeune mouton.

Avant-pied du bœuf musqué des Terres arides. ½ taille réelle

Le bœuf musqué apparaît en effet comme un véritable lien entre le bœuf et le mouton. Il possède la queue rudimentaire, la structure des molaires, le museau poilu et les intestins du mouton ; tandis que ses os canoniques courts et larges sont comme ceux du bœuf et diffèrent considérablement de ceux du mouton ou de la chèvre. Les sabots sont grands, avec les doigts recourbés et quelque peu concaves en dessous, comme ceux du caribou, ce qui facilite l'escalade des crêtes rocheuses et le grattage de la neige de leur seule nourriture, le lichen et la mousse, auquel cas leurs cornes sont également admirablement adaptées. M. Rhodes a avancé la théorie de l'existence d'une transition entre le bœuf musqué et le bison, mais la structure des molaires et la queue rudimentaire convainquent le professeur R. Lydekker, peut-être la plus grande autorité scientifique, de l'impossibilité d'une telle transition. étant toute manière de relation entre les deux groupes. Scientifiquement, le bœuf musqué appartient au genre OVIBUS , divisé en *O. moschatus* , de type Barren Grounds et Groenland, *O. wardi* (Lydekker) et *O. bombifrons* , autrement connu sous le nom de bœuf musqué de Harlan, un type éteint. cela, en un mot, différait du type vivant actuel en grande partie par la forme des cornes, qui n'avaient pas la courbe descendante de celles qui existent, et la courbe des cornes ne se rapprochait pas non plus de la tête comme c'est le cas aujourd'hui.

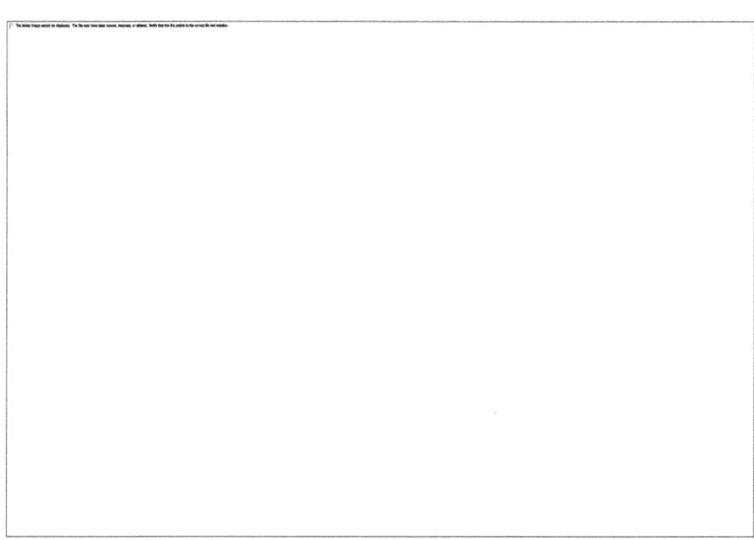

BŒUF MUSQUÉ DE L'EST DU GROENLAND PLEINE GRANDEUR—(*Ovibos Wardi*)

Mâle adulte. (D'après une photographie fournie par le Musée américain d'histoire naturelle)

Avant-pied du bœuf musqué de l'est du Groenland. ½ taille réelle

Jusqu'en 1898, *O. moschatus* était le seul type existant connu des chasseurs ou des scientifiques. Cette année-là, cependant, le lieutenant Peary, l'explorateur de l'Arctique, tua dans la péninsule de Bache, au Groenland, une série de spécimens qui, après avoir été envoyés au Musée d'histoire naturelle de New York, furent jugés par le professeur JA Allen comme ayant suffisamment de distinction pour justifier une classification. Entre-temps, Rowland Ward, le taxidermiste de Londres, s'était procuré, par achat, quelques spécimens similaires de l'est du Groenland que le professeur Lydekker reconnut comme une nouvelle variété, et en l'honneur de M. Ward nommés *O. moschatus wardi* . Les spécimens de M. Ward provenaient de baleiniers qui, à leur tour, les obtenaient grâce au commerce avec les indigènes de l'est du Groenland. Les spécimens du lieutenant Peary ont cependant été récoltés sur le terrain par lui-même, et il a certainement droit à l'honneur de la nouvelle variété qui porte son nom. C'est ce que pense le professeur Allen à juste titre, et bien qu'il ait adopté le nom du professeur Lydekker, il réserve *O. pearyi* (Allen) comme nom provisoire qui peut être accepté pour l'animal de Grinnell Land au cas où il s'avérerait séparable. Cela semble toutefois peu probable. La différence la plus distinctive entre *O. wardi* , comme on l'appelle, ou *O. pearyi* , comme il faut l'appeler, et *O. moschatus* , réside dans la tête. Tout le devant de la tête de la nouvelle variété est plus ou moins gris au lieu d'être entièrement brun, comme c'est le cas de l' *O. moschatus* ; tandis que la base de la corne de la nouvelle variété est beaucoup plus étroite et de forme légèrement différente de celle de l'ancienne variété. Les crânes des deux variétés sont pratiquement semblables ; au moins il y a une très légère différence. La couleur générale de la fourrure de la nouvelle variété est un peu plus claire et l'animal lui-même n'est pas si grand ni si lourdement bâti.

CRÂNE DU BŒUF MUSQUÉ DE L'EST DU GROENLAND—(*Ovibos Wardi*)

CRÂNE DU BŒUF MUSQUÉ DE LA TERRE STÉRILE—(*Ovibos moschatus*)

VUE LATÉRALE—(*Ovibos Wardi*)

VUE LATÉRALE—(*Ovibos moschatus*)

La façon dont l'une ou l'autre variété de bœufs musqués est arrivée au Groenland a fait l'objet de nombreuses discussions parmi les scientifiques qui semblent maintenant avoir finalement décidé qu'ils avaient atteint l'île par l'ouest en traversant le détroit de Smith depuis la Terre d'Ellesmere et en traversant le canal de Robeson. Canal depuis Grinnell Land, de là le long de la basse côte du Groenland jusqu'à l'est du Groenland. En dehors des îles arctiques et de l'Amérique arctique, jusqu'au 62ème parallèle, le bœuf musqué est inconnu. Il fut cependant un temps où son aire de répartition englobait toute la partie de l'hémisphère nord située entre, grosso modo, le cercle polaire arctique et le pôle Nord. Il semble même possible que dans les temps anciens, le bœuf musqué ait eu une répartition plus large et beaucoup plus méridionale, car le crâne qui a donné son nom au type éteint *de bombifrons* a été trouvé dans le Kentucky, un autre ayant également été trouvé en Arkansas. Des restes fossiles de bœufs musqués ont été découverts en Sibérie, en Alaska, dans la Terre de Grinnell et en Europe du Nord. Il n'y a aucune donnée authentique indiquant qu'ils ont été trouvés en Alaska dans la mémoire de l'homme vivant actuel, et ils ne s'étendent pas à moins de deux cents milles du fleuve Mackenzie, qui est établi comme leur limite ouest. On a beaucoup parlé de leur existence récente en Alaska. J'ai fait une recherche minutieuse de données authentiques concernant leur aire de répartition occidentale, mais je n'ai obtenu aucune information digne de confiance, même d'une tradition à leur sujet en Alaska ; tandis que je n'ai rien trouvé de plus sûr que des ouï-dire transmis de père en fils quant à leur présence près du fleuve Mackenzie. De temps en temps, des déclarations sont publiées sur un bœuf musqué trouvé en Alaska. Ces informations trompeuses sont basées sur les récits de commerçants qui auraient peut-être obtenu une peau de bœuf musqué dans un poste de l'Alaska. M. Andrew J. Stone, qui a passé plusieurs années dans le Grand Nord à collectionner pour le Musée d'Histoire Naturelle et qui connaît parfaitement l'Alaska et toute cette vaste étendue de pays à l'ouest du fleuve Mackenzie, a abordé cette question dans une déclaration publiée dans un bulletin de l'American Museum en 1901. Il touche enfin à une question très agitée, et elle me semble suffisamment importante pour en faire un enregistrement permanent ici. Je le reproduis donc.

MÂLE D'UN ANNÉE DE L'EST DU GROENLAND BŒUF MUSQUÉ

(D'après une photographie fournie par le Musée américain d'histoire naturelle)

QUANT À LA GAMME OUEST DES BŒUFS MUSQUÉS.

28 février 1901.

Mon cher Dr Allen :—

En réponse à votre demande concernant l'existence du bœuf musqué (*Ovibos moschatus*) à l'ouest du fleuve Mackenzie, ou en Alaska, je dirai qu'il n'y a aucun de ces animaux dans aucune partie de l'Amérique arctique à l'ouest du Mackenzie. Avant mon départ pour le Nord au printemps 1897, j'avais soigneusement recherché pendant plusieurs années des informations à ce sujet et, d'après ce que j'avais recueilli, j'avais un faible espoir de trouver certains de ces animaux dans les montagnes à l'ouest du Mackenzie. , juste au sud de la côte arctique. Ces montagnes sont connues respectivement sous les noms de montagnes Richardson, Buckland, British, Romanzof et Franklin, mais en réalité, elles constituent l'extension ouest de la principale chaîne de montagnes Rocheuses qui s'incurve vers l'ouest depuis le Mackenzie le long de la côte arctique. Cependant, en arrivant aux environs de ces montagnes, au cours de l'hiver 1898-1899, tout espoir d'y trouver des spécimens vivants de bœufs musqués fut détruit.

Les monts Romanzof, d'où des spécimens de bœufs musqués auraient été récemment importés, via Camden Bay, se trouvent à environ cent soixantequinze milles à l'ouest de l'île Herschel. La Pacific Steam Whaling Company, dont les bureaux sont situés au n° 30 California Street, à San Francisco, possède une station baleinière sur l'île Herschel depuis plusieurs années ; on y a également établi depuis plusieurs années une mission de l'Église d'Angleterre, sous la direction du révérend IO Stringer. J'ai visité l'île Herschel en novembre et décembre 1898, dans le but de recueillir toutes les informations possibles relatives à la vie animale de ces régions. Sur mon chemin vers et depuis l'île Herschel, j'ai fait de la luge jusqu'au pied même des montagnes Davis Gilbert, Richardson et Buckland. Lors de mes deux voyages, je me suis arrêté pour la nuit avec de nombreux Esquimaux, chassant à l'époque les monts Davis Gilbert et vivant dans ce qu'on appelle Oakpik (camp de saules), à l'extrême ouest du delta du Mackenzie, tout près du pied du montagnes. Les spécimens d' *Ovis dalli* (mouton blanc) ainsi que de caribous et d'animaux à fourrure étaient nombreux dans leur camp, mais il n'y avait aucun signe de bœuf musqué.

À Shingle Point, sur la côte arctique, près des monts Richardson, j'ai passé plusieurs jours avec un homme qui faisait du commerce avec les Esquimaux qui chassaient les monts Richardson. Il y avait plusieurs Esquimaux dans son camp à cette époque et il avait en sa possession des peaux de mouton blanc, de caribou et de divers animaux à fourrure, mais il n'y avait aucun signe de bœuf musqué, et j'ai appris après une enquête minutieuse. par mon interprète, les indigènes semblaient ne rien savoir d'eux, à l'exception d'un jeune homme qui s'était rendu vers l'est sur l'un des baleiniers. Les Tooyogmioots, tribu d'Esquimaux qui vivaient autrefois le long de cette côte et chassaient ces différentes montagnes, sont aujourd'hui quasiment éteints. J'ai trouvé entre l'embouchure du Mackenzie et l'île Herschel un très petit nombre d'individus vivant dans des maisons de neige, mais je n'ai trouvé dans ou autour de leurs lieux de résidence aucun signe de peau, d'os ou de tête de bœuf musqué.

Je suis resté à l'île Herschel du 24 novembre au 14 décembre, rendant visite au révérend IO Stringer et au capitaine Haggerty du baleinier à vapeur *Mary Dehume* . Les deux hommes étaient capables de converser facilement avec les Esquimaux dans la langue esquimaude et ils m'ont apporté toute l'aide possible dans mes recherches. Toute cette côte, loin à l'ouest de l'île Herschel, est maintenant occupée par la tribu des Esquimaux Noonitagmiott. Il y avait un grand nombre de ces gens sur l'île, et parmi eux se trouvaient des groupes qui chassaient toutes les montagnes du continent mentionnées, vivant dans les montagnes une grande partie du temps. De nombreuses peaux de caribous, de moutons et d'animaux à fourrure ont été vues en possession de ces gens, mais aucun d'entre eux ne possédait aucune partie du bœuf musqué, et les seuls membres de la tribu qui connaissaient quelque chose du bœuf musqué étaient ceux qui avaient été transportés vers l'est par les baleiniers. Le révérend M. Stringer s'intéresse beaucoup aux ressources naturelles du pays et voyage beaucoup parmi ces gens, mais il n'avait aucune connaissance de l'existence de bœufs musqués à l'ouest du Mackenzie. Le capitaine Haggerty avait hiverné le long de cette côte pendant un certain nombre d'années, faisant beaucoup de commerce avec les indigènes, mais il n'avait jamais obtenu ni entendu parler d'une peau de bœuf musqué à l'ouest du Mackenzie.

Tous les baleiniers, qui hivernent ici depuis des années, parfois jusqu'à quinze à la fois, maintiennent continuellement des chasseurs esquimaux sur le terrain dans le but d'assurer de la viande fraîche pour les équipages, envoyant des marins blancs chargés de traîneaux à chiens pour visiter. les camps esquimaux pour apporter la viande. Il n'est pas rare que ces traîneaux parcourent cent cinquante à deux cents milles pour la viande, et toutes les montagnes au nord et à l'ouest de l'île Herschel ont été visitées à de nombreuses reprises par ces chasseurs et ces traîneaux, sans obtenir la moindre trace de musc. -bœuf. Collinson, qui hiverna près de Camden Bay en 1853-1854, ne mentionne pas le bœuf musqué. L'équipe d'enquête du gouvernement américain, qui a hiverné sur le Porcupine il y a plusieurs années et a visité Rampart House, un poste de traite de la Baie d'Hudson situé aux Remparts sur la rivière Porcupine, et qui est parti de là avec M. John Firth, le commerçant de la Compagnie de la Baie d'Hudson, s'est dirigé vers le nord Il traversa ces montagnes jusqu'à la côte arctique et revint sans trouver de bœuf musqué. Plusieurs hommes blancs ont parcouru ces montagnes depuis Fort Yukon, sur le fleuve Yukon, jusqu'à l'île Herschel, dans le but de sécuriser les chiens de traîneau des Esquimaux sur la côte arctique, afin de les utiliser sur le Yukon, sans obtenir ni apprendre. rien du bœuf musqué. M. Hodgson et M. Firth, tous deux au service de la Compagnie de la Baie d'Hudson, ont été stationnés à Fort Yukon, à l'embouchure de la Porcupine, à Rampart House sur la Porcupine et à Lapierres House sur la rivière Bell, un affluent de la rivière Porcupine. Porc-épic, pendant plus de trente ans, faisant du commerce avec les Indiens Loucheaux, dont plusieurs tribus chassent au nord de ces lieux dans les montagnes mentionnées, sans jamais avoir connaissance de l'existence du bœuf musqué ; et la Compagnie de la Baie d'Hudson n'a jamais obtenu à aucun de ces postes de peaux de bœuf musqué.

Avant l'arrivée des baleiniers sur cette côte, les Esquimaux de la côte faisaient également du commerce à ces postes de la baie d'Hudson. Le pays compris entre la rivière Porcupine et la côte arctique, dans lequel se trouvent les montagnes mentionnées ci-dessus, est entièrement accessible du nord ou du sud, et chaque partie de ce territoire a été chassée pendant des années par les Esquimaux et les Indiens. L'île Barter, près de Camden Bay, est depuis des années le rendez-vous des Esquimaux de la côte nord, où ils se réunissent chaque été pour troquer et faire du commerce. Lors d'une de ces fêtes du milieu de l'été, on peut voir des peaux de rennes tachetées de Sibérie, de l'ivoire et des peaux de morses de la mer de Béring, ou des lampes de pierre du pays des Cogmoliks (peuples lointains) de l'Est, et ce n'est pas le cas. Il est impossible, quoique peu probable, qu'on y trouve des peaux de bœufs musqués.

J'ai également parcouru le pays des Kookpugmioots et des Abdugmioots de la côte arctique, à l'est du Mackenzie. Les premiers peuples rencontrés le long de la côte à l'est du Mackenzie sont les Kookpugmioots. Ils chassent sur la côte jusqu'à la baie de Liverpool, mais bon nombre de leurs meilleurs chasseurs n'ont jamais vu de bœuf musqué. Les Abdugmioots chassaient à l'origine dans la région de la rivière Anderson, mais vivent maintenant autour de la baie de Liverpool et la plupart d'entre eux ont chassé le bœuf musqué. Les Kogmoliks, qui vivaient autrefois autour des baies de Liverpool et de Franklin, mais qui ont maintenant pratiquement fusionné avec les Kookpugmioots, le long des rives du canal Allen, ont été des tueurs de bœufs musqués.

Un grand nombre d'indigènes de Port Clarence, vivant près du détroit de Béring, ont tué des bœufs musqués, mais seulement autour du fond de la baie Franklin et sur la péninsule Parry, après avoir été emmenés là par les baleiniers. Presque tous les baleiniers récupèrent les indigènes de Port Clarence, en route vers le nord et l'est vers les zones baleinières, et les gardent avec eux jusqu'à leur retour, peut-être trente mois plus tard. Certains de ces navires ont hiverné au cap Bathurst et dans la baie Langton, au fond de la baie Franklin. Quatre de ces navires ont hiverné dans la baie de Langton en 1897-1898 et, pendant l'hiver, leurs Esquimaux et leurs marins ont tué environ quatre-vingts têtes de bœufs musqués, dont la plupart ont été capturées dans la péninsule de Parry. Lorsque j'étais à l'île Herschel, au cours de l'hiver 1898, j'ai vu quarante de ces peaux dans un des entrepôts de la Pacific Steam Whaling Company. Ils appartenaient au capitaine HH Bodfish du baleinier à vapeur *Beluga* .

À l'heure actuelle, l'aire de répartition du bœuf musqué ne s'étend pas vers l'ouest jusqu'à moins de trois cents milles du delta du Mackenzie. Toutes les informations concernant les bœufs musqués rassemblés autour de Point Barrow et de là vers le sud jusqu'au détroit de Béring et à Port Clarence ont été obtenues auprès des indigènes qui ont accompagné les baleiniers vers l'Est ; et toutes les peaux de bœufs musqués qui trouvent un marché à San Francisco ont été achetées, directement ou indirectement, aux baleiniers.

Sincèrement votre,

ANDREW J. STONE .

Partout où les explorateurs sont allés dans l'est de l'Arctique de l'Amérique du Nord, ils ont trouvé le bœuf musqué. Le lieutenant Peary, qui a passé plus de temps dans l'Arctique que tout autre homme vivant, écrit qu'il a tué des bœufs musqués au cap Bryant, sur la côte nord-ouest, et à l'extrême nord de l'archipel du Groenland, à la latitude nord 83° 39'. et il semble au contraire, faute de documents, qu'on les trouve sur toutes les îles de l'Arctique, à l'exception, assez curieusement, des îles du Spitzberg et de la Terre François-Joseph, où elles sont inconnues. Que le bœuf musqué ne semble pas migrer sur la glace d'île en île comme le font les rennes, est un autre fait curieux.

Frederick Schwatka, qui chassait le long de la côte arctique, et un ou deux des scientifiques, placent l'aire de répartition sud des bœufs musqués au 60e parallèle, mais c'est bien deux, voire quatre degrés trop au sud pour représenter correctement leur gamme actuelle. Hearne a vu des traces à 59° de latitude et des bœufs musqués à 61° de latitude, en 1771, mais je n'ai jamais entendu parler de bœufs musqués tués ces dernières années aussi loin au sud que le 62e parallèle. Il est cependant concevable qu'ils s'éloignent aussi loin vers le sud, bien que cela soit à mon avis hautement improbable. Pike enregistre un bœuf musqué tué au lac Aylmer, dans les Terres arides. C'est le meurtre le plus méridional dont j'ai entendu parler, et le plus méridional dont M. Pike a fait état. Le lac Aylmer se situe juste au-dessus du 64e parallèle. Je n'ai vu aucun bœuf musqué au-dessous du 65e degré, et d'après mon expérience, ainsi que celle de Pike, les bœufs musqués ne sont pas ce que l'on peut, comparativement parlant, appeler abondants jusqu'au 66e parallèle.

FEMELLE ADULTE DU BŒUF MUSQUÉ DE L'EST DU GROENLAND

(D'après une photographie fournie par le Musée américain d'histoire naturelle)

Certains auteurs persistent à qualifier le bœuf musqué de migrateur, mais il n'y a aucune raison de le faire. À l'âge adulte, il a à peu près la taille du bétail noir anglais, sa hauteur étant de 4 pieds 2 à 4 pouces à l'épaule et sa circonférence très grande pour sa hauteur. Les Indiens estiment que la chair d'une vache adulte, d'un bœuf musqué, est égale à celle d'environ trois caribous des Terres torrides, ce qui pèserait entre trois cents et trois cent cinquante livres ; le taureau peut peser jusqu'à deux cents livres de plus. Ils se déplacent en troupeaux allant d'une demi-douzaine à trente ou quarante. Certains auteurs ont parlé de « vastes troupeaux », confondant sans doute bœufs musqués et caribous. Cinquante personnes constitueraient un grand troupeau, et je suppose que dix à vingt représenteraient assez bien la taille d'un troupeau moyen. En règle générale, un troupeau de cette taille comprend un ou deux taureaux. J'ai trouvé des troupeaux composés uniquement de taureaux, d'autres uniquement de vaches.

La robe est d'un brun très foncé, qui semble noir sur la neige, et les poils sur tout le corps sont grossiers et longs, descendant sous le ventre jusqu'aux genoux (surtout longs sur la croupe, où j'en ai mesuré qui avaient quinze ans). à vingt pouces), et sous la gorge, il pend comme une crinière épaisse. Il semble y avoir une tendance marquée à la bosse, accentuée par les cheveux plus courts et raides qui couvrent les épaules et la base du cou. Et il y a une marque de selle d'un blanc grisâtre sale. Sous ces poils et sur tout le corps pousse une couche de laine gris souris de texture fine, qui protège l'animal en hiver et tombe en été. Aucune laine ne pousse sur les pattes, qui sont massives et, bien que courtes, semblent plus courtes qu'elles ne le sont en raison des longs poils qui tombent sur elles. En courant, ils ont une démarche roulante et saccadée, et j'ai remarqué que lorsqu'ils tombaient suite à une blessure par balle, ils ne pouvaient plus se relever.

La croissance de la corne est très intéressante. Cela commence exactement comme chez le bétail domestique, par une pousse droite sortant de la tête. La première année, il est impossible de faire la différence entre les sexes grâce aux cornes. La deuxième année, la corne du taureau est un peu plus blanche que celle de la vache ; le front d'un bœuf musqué de deux ans que j'avais tué montrait un front couvert de poils courts et bouclés. Cette année-là, la corne de la vache commence à montrer une tendance vers le bas et est pleinement développée au cours de sa troisième année. Les cornes du taureau, au contraire, commencent tout juste à s'étendre à la base dès la troisième année. Ils continuent à s'étendre vers le centre du front jusqu'à ce qu'ils se rencontrent à la cinquième année du taureau, mais à la sixième année, ils commencent à se séparer, laissant une crevasse au centre qui s'élargit à mesure que le taureau vieillit jusqu'à atteindre un pouce à un pouce et une demi-largeur. Chez la vache, ces crevasses s'ouvrent encore plus avec l'âge que chez le taureau. Les cornes du taureau et de la vache s'assombrissent à mesure qu'elles atteignent leur plein développement, jusqu'à ce qu'elles soient assez sombres de six à huit pouces vers la base ; et à mesure que l'animal vieillit, l'extrême obscurité de la corne disparaît, jusqu'à ce que finalement chez le vieil animal des deux sexes, il ne reste plus qu'une pointe noire d'environ quelques pouces sur la pointe même de la corne. À mesure que la crevasse entre les cornes des deux sexes s'élargit, la base du bossage de chaque côté s'épaissit jusqu'à au moins trois pouces chez le taureau et deux ou moins chez la vache. Sur le bossage la corne est ondulée, mais au tour elle devient lisse, et se polit comme une corne de bœuf sur la pointe.

Les plus grosses cornes dont je crois qu'il existe des archives appartiennent à un taxidermiste qui les a achetées ; mais la localité d'où ils venaient est inconnue. Leur largeur, mesurée de haut en bas au niveau de la crevasse du patron, ou, techniquement parlant, la largeur de la paume, est de 13¾ pouces ; la longueur des cornes sur la courbe extérieure, 30¼ pouces. La deuxième plus grande paire se trouve au British Museum et mesure 13⅛ pouces de largeur et 26¼ de longueur. Le troisième mesure 12⅜ sur 26¾, présenté au British Museum par J. Rae, un ancien facteur de la Compagnie de la Baie d'Hudson, et a été déposé sur Barren Grounds. Le prochain est de 12½ par 27¼, la propriété du comte de Lonsdale, qui a ramassé la tête en descendant le fleuve Mackenzie, il y a plusieurs années. Warburton Pike détient les deux têtes suivantes, l'une de 11 par 26⅞ et l'autre de 11 par 24¾. La plus grosse tête que j'ai tuée est assez remarquable en ce qui concerne la longueur de la corne et l'épaisseur du boss. Les chasseurs indiens qui l'ont vu l'ont en tout cas considéré comme très inhabituel. Il mesure 11½ sur 27½ ; largeur de la crevasse, 1 ⅓ pouce ; épaisseur du bossage au niveau de la crevasse, 3 ¾ pouces.

La chair du bœuf musqué est extrêmement dure et nullement agréable au goût, surtout pendant la saison du rut (août et septembre), où elle est pratiquement immangeable. Il y a une certaine odeur musquée, mais elle n'est pas aussi prononcée qu'on le dit généralement. En fait, la seule odeur distincte de bœuf musqué provient du bris et du broyage des excréments secs. Comme indication de cette étrange créature, je puis ajouter que les excréments de bœuf musqué sont à peine plus gros que ceux du grand lièvre et ont une forme et une couleur très proches de celles du grand lièvre. La chair de la vache n'est en aucun cas un choix, mais elle n'est pas mauvaise ; la chair du veau m'a semblé plutôt insipide. Le veau à naître est considéré comme un mets tout à fait délicat, dont mes Indiens ne se sont pas privés simplement parce que nous n'avions pas de feu de cuisine. Ils le mangeaient cru, tout comme ils le prenaient dans l'estomac de leur mère. Les vaches ne donnent jamais naissance à plus d'un veau à la fois, né en juin.

Veau musqué

Ce spécimen a été capturé en mars 1901, à l'est de la baie Lady Franklin, à environ 30 milles à l'intérieur des terres, par des Indiens envoyés par le capitaine HH Bodfish du baleinier *Beluga* . Après avoir été exposé à San Francisco, Chicago et New York, il a été acheté par l'hon. William C. Whitney, qui l'a présenté immédiatement à la New York Zoölogical Society.

Il est mort quelques mois après. C'était le premier membre vivant de la famille du bœuf musqué jamais introduit aux États-Unis. (Photographie utilisée avec la permission de la New York Zoölogical Society.)

Des bœufs musqués ont été ramenés vivants en captivité à deux reprises seulement en Amérique du Nord. L'une d'elles était une femelle âgée de dix-huit mois capturée à l'est de la baie Lady Franklin, à environ trente milles à l'intérieur des terres, par un groupe envoyé par le capitaine HH Bodfish, du baleinier *Beluga* . Celui-ci a été exposé au Sportsmen's Show de New York, où il a été acheté par l'hon. William C. Whitney et présenté à la Société Zoölogique de New York en mars 1902. L'autre était un spécimen plus jeune capturé dans le nord-est du Groenland par le lieutenant Peary et amené et présenté par lui à la Société Zoölogique en octobre de la même année. Cependant, les deux spécimens sont morts en quelques mois. Jusqu'à présent, je crois qu'une douzaine de spécimens vivants ont été emmenés dans le monde civilisé. Cependant, au moment où j'écris ces lignes, tous sont morts, sauf deux ou trois. L'un se trouve dans un jardin zoologique à Copenhague, un autre dans un jardin zoologique à Berlin et un autre en Angleterre, propriété du duc de Bedford, mais exposé, m'a-t-on dit, à Londres.

BŒUF MUSQUÉ

(OVIBOS MOSCHATUS [5])

Malgré son nom, ce ruminant arctique n'a aucune affinité avec les membres de la tribu des bœufs, les dents des joues ressemblant davantage à celles des moutons et des chèvres, le museau, à l'exception d'une petite bande entre les narines, velue, et la queue. réduit à un simple moignon caché parmi les longs poils de l'arrière-train. D'un autre côté, la ressemblance avec le mouton n'est pas très grande, les cornes, qui chez les vieux mâles se rejoignent presque sur la ligne médiane du front, étant d'une forme et d'une structure totalement différentes, et le crâne également très distinct. Chez les mâles, les cornes sont très aplaties et élargies à la base, après quoi elles se courbent soudainement derrière les yeux, pour se recourber vers le haut aux extrémités. Chez les femelles, ils sont beaucoup plus petits, moins étendus et non rapprochés à leur base. Chez les deux sexes, leur texture est grossière et fibreuse et leur couleur jaune. Le long pelage de poils brun foncé, pendant sur le dos et sur les côtés comme un manteau, offre une protection adéquate contre les rigueurs d'un hiver arctique ; et les sabots larges et étalés, avec des poils sur la face inférieure, donnent un pied ferme sur la neige et la glace. Deux races sont connues : la race canadienne typique et la race groenlandaise (*O. moschatus wardi*). Ce dernier se caractérise par la présence d'une certaine quantité de blanc sur le front et par la moindre expansion des cornes. Hauteur à l'épaule environ 4 pieds ; poids d'un pesé en parties, 579 livres (DT Hanbury).

Distribution. —Amérique Arctique, approximativement au nord et à l'est d'une ligne tracée depuis l'embouchure du fleuve Mackenzie jusqu'à Fort Churchill sur la baie d'Hudson, au Groenland et à Grinnell Land, par 32° 27' de latitude; limite sud approximative, latitude 40° N.

MESURES DES CORNES

LONGUEUR SUR COURBE EXTÉRIEURE	LARGEUR DE LA PAUME	D'UN BOUT À L'AUTRE	LOCALITÉ	PROPRIÉTAIRE
30¼	13¾	30¼	?	WW Hart
27¾	dix	27½	Terres arides du nord du Canada	David T. Hanbury

—27½	11¾	23	Terres arides du nord du Canada	Caspar Whitney
27¼	12½	27	Terres arides du nord du Canada	Comte de Lonsdale
—27¼	10⅝	27½	Terres arides du nord du Canada	Musée impérial, Vienne
26⅞	11	27	Terres arides du nord du Canada	Brochet Warburton
26¾	12⅜	..	Amérique du Nord	British Museum (J. Rae)
26¼	13⅛	27⅝	Amérique du Nord	Musée anglais
—25⅝	dix	25	Amérique du Nord	Dr Albert von Stephani
24¾	11	25½	Terrains stériles	Brochet Warburton
24¼	7½	19	Terrains stériles	J. Talbot Clifton
24¼	10½	26	Terrains stériles	L'hon. Walter Rothschild
24	9¾	23⅛	Amérique du Nord	Sir Edmund G. Loder, Bart.

—24	..	25	?	Major W. Anstruther Thomson
23¼	6	22¾	?	A. Barclay Walker
—21½	9	27	?	Musée de Dublin
— ♀21⅛	4¾	20⅝	?	Musée impérial, Vienne
♀18⅝	4¼	..	Amérique du Nord	Musée britannique (AG Dallas)
♀17	4⅝	9⅞	Amérique du Nord	Dr Albert von Stephani

<table><tr><td colspan="5" align="center">BŒUF MUSQUÉ (Ovibos moschatus wardi)</td></tr></table>

24¾	8¼	22½	Groenland	Quartier Rowland
24½	7¼	27	Groenland	Quartier Rowland

LE BISON

Par George Bird Grinnell

LE DERNIER DU TROUPEAU

Le buffle était le plus grand et le plus important des mammifères nord-américains sur le plan économique. C'était aussi l'un des plus nombreux et, sur une grande partie du continent, il représentait pratiquement le seul soutien de ses habitants aborigènes. Dans la mémoire d'hommes encore à peine d'âge moyen, il parcourait le pays entre le fleuve Missouri et les montagnes Rocheuses, en multitudes si vastes qu'il était communément déclaré que son nombre ne pouvait pas être matériellement réduit, qu'il existerait longtemps. après la mort des orateurs. Pourtant, en trente ans, il a si complètement disparu que le nombre de buffles sauvages vivants aujourd'hui n'est probablement pas plus grand que le troupeau de bisons d'Europe – communément, mais à tort, appelés aurochs – si soigneusement préservés dans les forêts de Lituanie par les Tsar russe.

L'histoire de l'extermination des buffles a été maintes fois écrite et la cause de sa disparition n'est pas loin de chercher. Il fut tué en grand nombre par les Indiens, qui utilisaient sa chair pour se nourrir, sa peau pour se vêtir et pour leurs abris. Cependant, dans des conditions naturelles, les destructions qu'ils ont provoquées n'ont jamais été très étendues et ont été plus que compensées par l'augmentation annuelle. Les loups, les ours et autres animaux sauvages, qu'on trouvait autrefois en grand nombre dans toute l'aire de répartition des buffles, en dévorèrent un grand nombre ; mais il s'agissait en grande partie de personnes âgées, blessées et infirmes, ou de personnes noyées dans les rivières ou embourbées dans les sables mouvants et les trous de boue. Toute cette destruction par les ennemis naturels n'a fait guère plus que maintenir la race en bon état, en retranchant les malades et les faibles.

Cependant, lorsque l'homme blanc est apparu sur la scène, de nouvelles conditions sont apparues. Le buffle avait une robe qui était aussi utile à l'homme blanc qu'à l'Indien. Un commerce se développa rapidement pour ces robes, que les Indiens étaient heureux de tuer et de bronzer contre une tasse de sucre, ou quelques charges de poudre et de balle, ou un verre ou deux d'alcool. Or, les Indiens avaient pour tuer un motif qu'ils n'avaient pas eu jusqu'alors. Ils tuèrent plus de buffles et fabriquèrent plus de robes qu'auparavant, mais ils ne produisirent toujours aucune impression sur les millions d'errants qui se balançaient d'avant en arrière sous l'influence des saisons. Les bateaux à vapeur pouvaient descendre le fleuve Missouri chargés pour les gardes de ballots de robes, mais les vastes troupeaux de buffles ne montraient aucune diminution. Les premiers explorateurs blancs, ou trappeurs, ou commerçants, ne prenaient pas eux-mêmes la peine de ramasser des peaux de bison ; il y avait des fourrures de plus grande valeur dans le pays, des castors, des loutres et des ours, qui rapportaient de meilleurs prix et, plus important que cela, n'avaient pas besoin d'être tannées avant de devenir commercialisables. Car une peau de buffle non tannée n'était jamais expédiée ; ce n'était qu'après qu'une Indienne y avait consacré des jours de travail patient, qu'il rapportait au poste de traite la pitoyable récompense que donnait l'homme blanc.

Finalement, cependant, et c'était il y a moins de quarante ans, un chemin de fer commença à se frayer un chemin vers les vastes plaines situées entre le fleuve Missouri et les Rocheuses, et à s'enfoncer dans la région même où les bisons se nourrissaient. . Sur les rails brillants de ce chemin de fer, des trains commencèrent à passer, transportant des passagers ; et parmi eux se trouvaient de nombreux hommes blancs avides de gain. Ceux-ci virent immédiatement les possibilités du buffle. Au début, ils les tuaient pour leur viande, mais bientôt leurs peaux commencèrent également à être expédiées.

Et d'autres hommes, apprenant que les peaux de bison rapportaient 2 dollars pièce et qu'on pouvait se procurer des buffles en se donnant la peine de les abattre, se pressèrent dans le champ de tir.

Puis commença le long de la Platte Valley, dans le Nebraska, une scène de massacre rarement égalée. Le pays regorgeait d'écorcheurs de buffles. Chaque chasseur avait ses attelages et ses bandes d'écorcheurs qui le suivaient de place en place et prenaient soin des peaux des bêtes qu'il tuait. À certains endroits, la seule eau accessible était la rivière Platte, et c'est ici que les buffles venaient s'abreuver. Ici aussi, les chasseurs, cachés dans les ravins ou dans les fosses à fusils qu'ils avaient creusées, abattaient les bêtes une à une lorsqu'elles arrivaient à l'eau, et formaient en effet un cordon si complet le long des rives de la rivière, que les Les buffles n'ont pas pu passer et sont retournés vers les collines. Lorsque, la nuit, les troupeaux assoiffés essayaient de s'approcher de la rivière à la faveur de l'obscurité, ils s'apercevaient que les chasseurs avaient allumé au fond de grands feux qu'ils entretenaient toute la nuit et que les buffles effrayés n'osaient pas dépasser.

Il ne fallut que peu de temps pour diviser le troupeau qui, depuis des siècles, traversait la vallée du nord au sud au gré des saisons. C'est vers 1870 que ces travaux commencèrent, et en 1874 les buffles furent vus pour la dernière fois dans la vallée de la Platte. Le troupeau avait été divisé.

Alors que d'autres chemins de fer vers le sud pénétraient dans le pays des bisons, les mêmes scènes se reproduisaient. Le pays des buffles fourmillait de chasseurs qui venaient en nombre toujours croissant, de sorte qu'aucun d'entre eux ne gagnait d'argent grâce à son travail de boucher. Le prix des peaux baissa, mais les buffles continuèrent d'être abattus. Des centaines de milliers de peaux ont été mises sur le marché, mais cela ne représentait qu'une petite proportion des buffles tués. Le colonel Dodge a exprimé la conviction que, parmi les bisons tués, seulement un quart ou un cinquième arrivaient sur le marché. Il est concevable que cette proportion soit encore moindre. Un très grand nombre de chasseurs ne connaissaient rien à la chasse, au tir, à l'écorchage du buffle ou au traitement de sa peau. Le nombre d'animaux mutilés et estropiés qui allaient mourir était très important. Le nombre de peaux abîmées lors du dépouillement était grand, et le nombre de peaux mal séchées était encore plus grand.

Vers la fin de 1874, les bisons au sud de la rivière Platte commencèrent à être très rares et, en 1876, ils avaient presque disparu. Après cela, on n'en a trouvé aucun dans le sud du pays, à l'exception de quelques-uns dans la partie sud du territoire indien et dans la région aride du Texas. Là, protégés par la sécheresse et si peu nombreux qu'ils ne présentaient que peu d'attrait pour le chasseur de peau, quelques-uns s'attardèrent pendant quelques années, jusqu'à ce qu'ils soient finalement capturés ou détruits par Buffalo Jones lors de ses expéditions à la recherche de veaux destinés à la domestication.

Dans les pays du nord, les buffles demeuraient plus longtemps. Le chemin de fer du Pacifique Nord, construit aussi loin à l'ouest que Bismarck sur la rivière Missouri en 1873, s'y arrêta pendant six ou sept ans, et ce n'est que lorsqu'il eut été continué bien au-delà du Missouri qu'il entra de nouveau dans le territoire des bisons et apporta avec lui , comme c'était inévitable, l'écorcheur de buffles. Lorsqu'il est arrivé, il a fait le travail qu'il avait fait dans le Sud, et il l'a fait avec autant d'efficacité. Mais comme le nombre de buffles restant dans le troupeau du nord était faible, il ne fallut que deux ou trois ans pour les détruire.

Après 1883, à l'exception d'une bande d'environ cinq mille personnes qui avait été négligée dans une des réserves Sioux, il ne restait plus de bisons dans le pays du nord, à l'exception de quelques individus épars qui, cachés dans des endroits isolés, avaient été négligés par les chasseurs et les Indiens, et ainsi pendant un an ou deux ont été préservés du massacre. Dans la région aride autour des têtes de Dry Fork et de Porcupine Creek dans le Montana, il restait un de ces petits groupes, qui a cédé aux expéditions envoyées par le National Museum et l'American Museum of Natural History, une série de spécimens, probablement le dernière de cette espèce jamais collectée à des fins scientifiques. Ils furent réunis juste à temps, car depuis lors il n'y a plus eu de buffles.

Un petit troupeau de bisons des bois habite encore les vastes étendues sauvages situées entre le lac Athabasca et le Petit lac des Esclaves, mais leur nombre est peu nombreux. En 1900, il y avait aux États-Unis deux petits groupes de buffles sauvages, peut-être qu'aucun d'eux ne comptait plus de quinze ou vingt têtes. Au cours de l'été 1901, l'un de ces groupes, qui régnait depuis longtemps à Lost Park, Colorado, fut anéanti par des braconniers, tandis que depuis quelques années, on n'a plus entendu parler de l'autre petit groupe qui régnait dans le Montana et qui, en 1895, comptait quarante ou cinquante têtes, dont pas moins de trente-deux furent tuées un an ou deux plus tard par des métis de la rivière Rouge qui faisaient un voyage spécial dans leur territoire. À l'heure actuelle, la seule bande importante de buffles aux États-Unis est celle qui se trouve dans les limites du parc national, et il est tout à fait probable qu'elle ne dépasse pas vingt-cinq ou trente.

Il ne fait aucun doute que l'extraordinaire abondance des bisons avait quelque chose à voir avec le gaspillage du massacre qui suivit la construction du chemin de fer dans la région des bisons. Beaucoup de gens croyaient sans doute réellement qu'à leur époque, les buffles ne pouvaient pas être exterminés. Ils semblaient penser que, comme il y avait toujours eu « des millions de buffles », il y en aurait toujours. Les hommes tuaient des buffles pour n'importe quelle raison stupide et puérile qui leur venait à l'esprit : pour essayer leurs fusils, pour voir s'ils pouvaient les frapper, pour s'amuser !

Les quelques écrits qui nous sont parvenus de cette époque montrent souvent à quel point même certains des premiers commerçants les ont détruits sans raison. Henry, dans son Journal d'août 1800, raconte la façon dont lui et certains de ses hommes passaient le temps en attendant que d'autres de ses gens arrivent. Il raconte : « Nous nous amusions à attendre, tout près sous la berge, le buffle qui venait boire. Lorsque les pauvres brutes arrivaient à une dizaine de mètres de nous, nous tirions tout à coup une volée de vingt-cinq fusils sur eux, tuant et blessant beaucoup. Nous n'avons pris que les langues. Les Indiens suggérèrent que nous tirions tous ensemble sur un taureau solitaire qui semblait avoir la satisfaction, comme ils disaient, de le tuer à mort. La bête avança jusqu'à ce qu'elle fût à six ou huit pas, lorsque le cri fut poussé et que toutes les mains s'envolèrent ; mais au lieu de tomber, il partit au galop, et ce ne fut qu'après plusieurs décharges supplémentaires qu'il fut ramené à terre. Les Indiens aimaient beaucoup ce sport ; il est vrai que les munitions ne leur coûtaient rien.

Il y a eu beaucoup de malentendus quant à l'ancienne répartition du bison sur le continent nord-américain et à l'étendue du territoire sur lequel il a été trouvé. De nombreuses autorités respectées ont déclaré que cela s'est produit dans l'est du Canada et généralement le long du versant atlantique ; dans certaines parties de la Nouvelle-Angleterre, des États du Middle et au sud, même en Floride. On disait en termes généraux que le buffle était présent sur tout le continent nord-américain, de la Floride jusqu'au 50e degré de latitude nord.

Ces affirmations vagues ont été corrigées par le Dr JA Allen, dans sa monographie la plus importante sur les bisons d'Amérique, et il est maintenant bien compris que l'aire de répartition du buffle ne comprenait qu'environ un tiers du continent ; que, même s'il a été trouvé sur le versant atlantique, ce n'était que dans la partie sud-est de son aire de répartition ; alors qu'au Canada, en Nouvelle-Angleterre et en Floride, il était probablement inconnu.

L'erreur dans laquelle les premiers écrivains furent induits à ce sujet provenait sans doute des termes utilisés par les premiers explorateurs, qui parlaient constamment de *vaches*, ou *vaches sauvages*, et moins fréquemment de buffu ou buffle. Mais le terme *vaches sauvages*, utilisé par les premiers jésuites français et les explorateurs anglais, faisait référence à l'élan (*Cervus canadensis*), tandis que les mots *buffu* ou *buffle* étaient utilisés pour désigner l'orignal (*Alces*). Dans certains récits de voyages des voyageurs jésuites, on trouve presque à chaque page des références aux troupeaux de *vaches sauvages*, et beaucoup de ces écrivains, à un moment ou à un autre, décrivent ces vaches sauvages dans un langage si indubitable qu'ils montrent il ne fait aucun doute qu'il s'agissait d'élans ou de wapiti.

Le Dr Allen attribue les montagnes Alleghany comme limite générale orientale de l'aire de répartition du buffle, tout en expliquant qu'elle dépassait fréquemment cette aire de répartition et en démontrant de manière concluante qu'elle se trouvait dans les parties occidentales de l'État de New York, de la Pennsylvanie, de la Virginie, du nord et du sud. Caroline et Géorgie. M. Hornaday cite certaines preuves pour montrer que cela s'est produit dans le District de Columbia, et cite Francis Moore, dans son « Voyage en Géorgie », pour prouver que là, au moins, des buffles ont été trouvés près de l'eau salée.

Alors que le Dr Allen donne la rivière Tennessee comme limite sud de l'aire de répartition du bison, à l'ouest des Alleghanies et à l'est du fleuve Mississippi, M. Hornaday cite un certain nombre de références pour montrer que cela s'est produit en nombre dans ce qui est aujourd'hui l'État. du Mississippi, et donne une tradition des Choctaws, racontée par Clayborne, en ce qui concerne la disparition de l'espèce de cette section. Selon cette tradition, au début du XVIIIe siècle, une grande sécheresse s'est produite là-bas, qui a asséché tout le pays. Pendant trois ans, pas une goutte de pluie n'est tombée. Les grands ruisseaux se sont asséchés et les arbres forestiers sont tous morts. Jusqu'alors, dit-on, les élans et les buffles y étaient nombreux, mais pendant cette sécheresse, ces animaux traversèrent le fleuve Mississippi et ne revinrent jamais.

Dans la partie orientale de son aire de répartition, les Grands Lacs formaient au nord une barrière que le bison ne franchissait pas ; mais depuis l'ouest de New York vers l'ouest, on l'a trouvé en grand nombre le long des rives sud de ces lacs et dans les territoires actuels de l'Ohio, de l'Indiana, de l'Illinois, du Michigan et du Wisconsin. Audubon nous dit que dans les premières années du XIXe siècle il y avait des buffles dans le Kentucky, mais déclare que vers 1810, ou peu après, ils disparurent tous. Cette disparition était due principalement à leur destruction effective par les hommes blancs et par les Indiens, et non, comme on le dit communément, au retrait des grands troupeaux avant l'avancée de la colonisation et de la civilisation. Il semble que les derniers bisons aient été tués à l'est du fleuve Mississippi vers 1820, même s'il se peut que dans le Wisconsin et le Minnesota, cela ait duré un peu plus longtemps.

À l'ouest des Grands Lacs, et tournant brusquement vers le nord de manière à s'étendre presque au nord-ouest, la frontière orientale de l'aire de répartition du bison à l'ouest du Mississippi était une ligne passant très près de l'extrémité ouest du lac Supérieur, passant par le lac des Bois, à l'ouest. du lac

Winnipeg, et de là vers le nord jusqu'au Grand lac des Esclaves et au-delà. Là, cette frontière tournait vers l'ouest, puis brusquement vers le sud, et rencontrant les montagnes Rocheuses non loin de l'endroit où les quitte la rivière de la Paix, suivait la chaîne vers le sud, à peu près jusqu'au 49e parallèle ; puis tournant vers le sud-ouest et incluant l'Idaho, une partie de l'est de l'Oregon, le coin nord-est du Nevada, la plus grande partie de l'Utah et la majeure partie du Nouveau-Mexique, la ligne descendait vers le sud jusqu'au Mexique, tournant vers l'est juste au nord du 25e parallèle de latitude, et s'étendant vers le nord jusqu'à la côte, qu'il contourna de nouveau jusqu'à l'embouchure du Mississippi.

Comme on le sait de nos jours, le buffle de la partie sud de son aire de répartition était un animal trans-Missouri. Au nord du parallèle 45 degrés, on la trouvait en nombre égal des deux côtés de la rivière Missouri et, dans son extension nord, elle atteignait, et peut-être même aujourd'hui, au nord le Grand Lac des Esclaves ; car, comme nous l'avons déjà dit, la seule bande considérable de buffles sauvages aujourd'hui est celle des bisons des bois du Nord, estimée à quatre cents ou cinq cents.

Outre les limites ainsi établies, il est probable qu'au début il y eut une extension considérable de l'aire de répartition du buffle vers le nord et l'ouest, dans des parties de ce qui est aujourd'hui l'Alaska. Il est certain que dans ce territoire des restes de buffles ont été trouvés en grand nombre. Certains de ces crânes appartiennent à des espèces disparues depuis longtemps et sont beaucoup plus gros que le bison d'Amérique ; mais, d'un autre côté, il y en a beaucoup qui ressemblent beaucoup à cette espèce.

L'aire de répartition du bison à l'ouest des Montagnes Rocheuses a commencé à se rétrécir peu de temps après le rétrécissement de son aire de répartition à l'est. Les premiers explorateurs de l'Ouest, depuis Pike vers le bas, ont signalé une abondance de bisons. Pourtant, comme nous l'avons déjà indiqué, le point le plus à l'ouest où leurs restes ont été découverts se trouve parmi les contreforts du versant oriental des Montagnes Bleues de l'Oregon. En 1836, on rapporte que les buffles étaient abondants dans la vallée du Lac Salé, mais là-bas presque tous furent détruits peu après par des neiges épaisses qui recouvrirent le sol pendant une longue période de temps. Cela correspond bien aux déclarations que m'a faites John Robinson, mieux connu au début sous le nom d'oncle Jack Robinson, l'un des anciens trappeurs, décédé entre 1870 et 1880. En 1870, il m'a dit que les bisons des affluents de la rivière Green River et les plaines de Laramie avaient tous péri près de quarante ans auparavant, au cours d'un hiver où tombaient des neiges très épaisses, suivies d'un dégel et d'un froid ultérieur, qui formait une croûte sur la neige de sorte que les buffles ne pouvaient pas passer à travers et mouraient de faim. . Cette affirmation a été confirmée par le petit nombre de vestiges, pour la plupart extrêmement anciens et altérés, que nous avons trouvés dans cette région à cette époque. En revanche, sur les affluents supérieurs de la rivière Verte, des buffles ont été trouvés beaucoup plus tard, et il est possible qu'il s'agisse d'animaux qui hivernaient dans les vallées étroites des montagnes, où, pendant cette neige épaisse, la nourriture était accessible. Fremont déclare qu'au printemps 1824, les bisons étaient abondants jusqu'à Fort Hall, tandis que Bonneville en signalait une abondance extraordinaire dans la vallée de la rivière Bear.

Le simple fait que des buffles n'aient pas été aperçus par un explorateur ayant traversé un territoire donné ne signifie pas nécessairement qu'ils n'étaient pas présents dans ce pays. J'ai voyagé pendant des mois à travers un pâturage de buffles sans voir de buffles ni aucune preuve de leur présence très récente, et pourtant les signes trouvés montraient de manière concluante que peu de temps auparavant, ils étaient là en grand nombre. Il aurait été parfaitement possible que deux rapports honnêtes, rédigés à quelques mois ou années d'intervalle par des explorateurs qui n'étaient pas des hommes des Prairies, se contredisent absolument.

Bien que le buffle ait disparu depuis longtemps des régions situées à l'ouest de la rivière Green, et même des plaines de Laramie, il s'est attardé beaucoup plus tard sur les affluents de la rivière Platte, plus au nord. Il y avait des buffles sur la Sweetwater et ses affluents entre 1870 et 1880, ainsi que sur certains autres affluents de la rivière North Platte entre 1880 et 1890. À peu près à la même époque, il y avait une petite bande s'étendant dans ce qu'on appelle le pays du désert rouge, au sud de ce qui est aujourd'hui le parc national. Mais le dernier d'entre eux disparut vers 1890.

On sait que la couleur du buffle est d'un brun foie foncé sur la majeure partie du corps, passant au noir sur les longs poils des pattes antérieures, du museau et de la barbe. Les cheveux longs sur la bosse sont jaunâtres, décolorés par les coups de soleil et ont souvent la couleur des cheveux d'un « enfant à tête blonde ». Le bison des montagnes, qui vit en grande partie dans les bois et n'est que peu ou pas exposé au soleil, est partout beaucoup plus foncé, parfois presque noir.

Très rarement, des buffles de couleur inhabituelle ont été observés. Ceux-ci étaient tantôt rouans, tantôt gris ou tachetés de blanc, voire de blanc pur partout. Une peau prise dans le haut Missouri vers 1879 était blanche sur la tête, les pattes et le ventre, et ailleurs de couleur normale ; le résultat était que lorsque l'animal était écorché et la peau tannée, il apparaissait une fine robe de couleur ordinaire bordée d'une large bande blanche. Si je me souviens bien, cette peau particulière a été vendue sur la rivière à un Anglais pour 500 $.

Les buffles de couleur inhabituelle, si rarement vus, étaient considérés par les Indiens avec une grande révérence. Parmi les tribus des plaines, le buffle, dont elles dépendaient pour se nourrir, se loger et se vêtir, était sacré. Son crâne était généralement posé sur le sol près de la hutte de sudation, des prières étaient faites et la pipe lui était offerte, dans une pétition adressée aux buffles pour qu'ils restent avec eux, qu'ils soient abondants et même qu'ils coulent sur un sol lisse, afin que leurs chevaux ne doivent pas tomber pendant la poursuite. Si le buffle en général était sacré, combien plus le buffle blanc devrait-il être vénéré. Les Pawnees chérissaient leur peau comme des objets sacrés et les gardaient dans leurs paquets de médicaments ou les utilisaient pour envelopper ces paquets. Les Pieds-Noirs considéraient le buffle blanc comme spécialement dédié au Soleil et accrochaient la robe blanche comme offrande votive à cette divinité. De la même manière, les Cheyennes, autrefois, sacrifiaient au soleil la peau d'un buffle blanc, bien que plus tard, après que leurs habitudes eurent été sensiblement modifiées par le contact avec les blancs, ils vendirent parfois de telles robes.

Mon ami George Bent, fils du colonel William Bent, l'un des personnages historiques des débuts de l'Ouest, me raconte qu'au cours d'un long cours de commerce entre les Cheyennes et les Arapahoes, il n'a vu que cinq robes que l'on pourrait à juste titre qualifier de blanches. L'un d'eux était gris argenté, un autre blanc, un troisième de couleur crème, le quatrième de couleur gris pommelé et le cinquième de couleur fauve jaunâtre. Il me raconte que dans les temps anciens, le buffle blanc était considéré par les Cheyennes comme sacré, et que si l'un d'eux tuait un buffle blanc, il le laissait là où il tombait, sans rien en prendre, et sans même y mettre un couteau. . Les Cheyennes croient que tout buffle blanc appartient loin au nord et vient de cette région où, selon leur tradition, le buffle est sorti de terre.

Il y a de nombreuses années, un groupe de guerre des Cheyennes partit vers le nord contre les Corbeaux. Un jour, ils arrivèrent à une colline et, en la regardant, ils virent devant eux de grands troupeaux de buffles couchés, et parmi eux une vache parfaitement blanche. Lorsque le buffle se levait pour aller à l'eau, la vache blanche se levait également et partait avec eux, et on observa qu'aucun des autres buffles ne s'approchait très près d'elle. Ils ne semblaient pas la craindre, mais ils ne se pressaient pas autour d'elle ; ils lui ont laissé beaucoup d'espace, comme s'ils la respectaient. Cela a amené les Cheyennes à penser que le buffle blanc était un chef parmi les autres buffles.

Les femmes des Cheyennes ne habillaient pas la peau d'un buffle blanc. Lorsque l'occasion se présentait pour un tel travail, il était généralement effectué par une femme captive ; par exemple, un Kiowa, ou un Pawnee, quelqu'un qui n'était pas lié par les coutumes Cheyenne et les peurs

Cheyenne. Rarement, une femme Cheyenne subissait une certaine cérémonie, étant priée par un guérisseur et peinte d'une manière particulière ; cette cérémonie ôtait le tabou, et elle pouvait alors revêtir la robe blanche.

Les habitudes du buffle étaient, à bien des égards, celles du bétail domestique. Ils se nourrissaient en troupeaux lâches, comme le font les bovins, les membres d'une famille, c'est-à-dire la vieille vache et sa progéniture, parfois âgée de trois ou quatre ans, restant ensemble ; les vieux taureaux, plus paresseux, plus lourds et moins actifs que les vaches et les plus jeunes animaux, se trouvaient généralement à la périphérie du troupeau et, si celui-ci se déplaçait lentement dans une direction quelconque, ils étaient probablement en retard. On a beaucoup écrit sur l'intelligence des buffles et sur la manière dont les taureaux montaient la garde sur le troupeau, constamment à l'affût du danger. Il n'y a et n'a jamais eu aucun fondement pour ces histoires, qui étaient de simples créations de l'imagination de l'écrivain. En fait, les vaches étaient beaucoup plus alertes et vigilantes que les taureaux, étaient toujours les premières à détecter le danger et à s'en éloigner, tandis que les taureaux étaient ennuyeux et lents et ne commençaient souvent à courir que lorsque le troupeau en liberté était en plein vol. De plus, les vaches et les jeunes animaux du troupeau étaient beaucoup plus rapides que les taureaux et se pressaient donc constamment vers l'avant, tandis que les taureaux fermaient la marche. La disposition des mâles n'avait rien à voir avec une quelconque volonté de protéger le troupeau, mais résultait du fait qu'ils étaient plus lents que les autres. Les premiers auteurs qui ont étudié les habitudes de ces animaux et d'autres, leur ont attribué des motivations et des aspirations humaines, qu'ils ne possèdent évidemment pas. Une manière quelque peu similaire d'écrire sur les animaux est courante de nos jours, mais elle est fausse et contre nature, et elle passera.

Les peaux de buffles sont dans leur meilleur état au début de l'hiver, et c'était l'habitude des Indiens de rassembler leurs robes à cette époque de l'année, c'est-à-dire entre novembre et janvier. Cependant, peu après janvier, les poils commencent à se détacher et tombent au printemps et au début de l'été, bien que de grandes plaques adhèrent souvent au corps jusqu'à la fin de l'été ou au début de l'automne. J'ai vu des buffles au mois de juillet encore vêtus de ce qui ressemblait à une robe ample, les vieux poils pendant ensemble en une natte presque complète, recouvrant le corps. Habituellement, cependant, en se frottant contre les arbres, les rochers et les talus de terre, et en se roulant dans la prairie, les poils dénoués sont éliminés au début de l'été. Chez les animaux très âgés, la mue a lieu plus tard et moins facilement que chez ceux en bon état, et parfois des buffles vieux et maigres ne semblent pas se débarrasser complètement de leur pelage.

La saison du rut commence en juillet et dure environ deux mois. Pendant cette période, de fréquents combats ont lieu entre les taureaux, apparemment féroces en raison de la taille et de l'activité des combattants, mais généralement sans résultats importants. Ces combats ressemblent beaucoup à des compétitions similaires entre taureaux domestiques ; ils grattent le sol, s'agenouillent et enfoncent leurs cornes dans la terre, marmonnent, beuglent et grognent ; mais bien qu'ils se chargent l'un contre l'autre avec fureur et se réunissent avec un choc terrible, la lutte ne se termine généralement par rien de plus important que la chasse, pour un temps, du taureau le plus faible. A cause de leur grande activité en cette saison, les taureaux perdent rapidement de la chair ; mais une fois le rut terminé, ils le reprennent, de sorte qu'au début du froid, ils sont, comme les vaches, gras et en bon état.

La vache buffle produit généralement un seul veau, qui peut naître au cours des mois de mars, avril, mai ou juin. La période habituelle de naissance des veaux est en avril et mai. Peu de temps avant, la mère se sépare du troupeau, qu'elle rejoint toutefois peu de temps après la naissance du petit. Comme beaucoup d'autres ruminants, la mère cache son petit lorsqu'il est petit et faible, mais ne s'en éloigne pas. Après avoir acquis un peu de force, il rejoint d'autres veaux, et ceux-ci restent généralement ensemble un peu à l'écart du troupeau principal, leurs mères venant vers eux de temps en temps pour les allaiter.

À la première naissance, les veaux sont de couleur jaune rougeâtre, ne possèdent aucune bosse visible et ressemblent beaucoup aux veaux domestiques ordinaires, sauf que la queue est peut-être légèrement plus courte. Cependant, leur couleur ne tarde pas à devenir plus foncée, et j'ai vu en août des veaux qui, à une petite distance, semblaient presque aussi foncés que le buffle adulte.

La vache est dévouée à son veau et est prête à se battre pour lui contre n'importe quel ennemi, sauf l'homme. Habituellement, lors de la chasse au bison, la vache, complètement effrayée, ne prêtait aucune attention au veau. Mais, d'un autre côté, il s'est produit des cas où des hommes capturaient des veaux pour les élever en captivité, dans lesquels la vache refusait d'abandonner sa progéniture, mais se tournait vers le ravisseur du veau et le chargeait avec la plus grande audace.

Le colonel Dodge cite un cas où un certain nombre de taureaux se sont consacrés à protéger un veau contre les loups. Il dit : « J'en ai vu des preuves à maintes reprises, mais le cas le plus remarquable dont j'ai jamais entendu parler m'a été raconté par un chirurgien militaire qui était un témoin oculaire. Un soir, il revenait au camp après une journée de chasse, lorsque son attention fut attirée par les actions curieuses d'un petit groupe de six ou huit buffles. S'approchant suffisamment pour voir clairement, il découvrit que ce petit groupe était composé uniquement de taureaux, debout en cercle serré, la tête baissée, tandis que dans un cercle concentrique, à douze ou quinze pas de distance, ils étaient assis, se léchant les babines dans une attente impatiente. au moins une douzaine de grands loups gris, sauf l'homme, l'ennemi le plus dangereux du buffle. Le médecin a décidé d'assister au spectacle. Après quelques instants, le nœud se rompit, gardant toujours une masse compacte, et se mit au trot pour le troupeau principal à environ un demi-mile de là. À son grand étonnement, le médecin vit maintenant que la figure centrale et dominante de cette masse était un pauvre petit veau, si nouveau-né qu'il pouvait à peine marcher. Après avoir parcouru cinquante ou cent mètres, le veau se couchait ; les taureaux se disposèrent en cercle comme auparavant, et les loups, qui avaient trotté sur chaque flanc de leur souper en retraite, s'assirent et se léchèrent de nouveau les babines. Cela se répétait encore et encore, et bien que le médecin n'ait pas vu la fin (il était tard et le camp était éloigné), il ne doutait pas que les nobles pères faisaient tout leur devoir envers leur progéniture et la portaient en toute sécurité au troupeau. »

Nous pouvons imaginer qu'il s'agissait d'un événement inhabituel ; en même temps, il est vrai qu'un groupe de buffles, si l'un d'entre eux est attaqué ou menacé par des loups alors qu'ils sont rapprochés, se ralliera tous à la défense générale et se soutiendra les uns les autres. Mais que les taureaux se fassent un devoir de défendre les veaux, ou de conserver systématiquement autre chose que leur propre peau, je ne le crois pas.

Peu de gens qui n'ont vu le buffle qu'en captivité, peu même parmi ceux qui l'ont chassé dans les plaines, ont la moindre idée de l'agilité de cette créature lourde et maladroite, ou de la disposition dont elle fait preuve pour atteindre des points élevés, de sorte que difficile d'accès qu'un cheval pourrait avoir du mal à les gravir. Autrefois, on pouvait voir des buffles gravir des pentes presque verticales ; ou, d'un autre côté, se jeter sur les flancs de montagnes si abruptes et si escarpées qu'un cavalier n'oserait pas les suivre. Comme beaucoup d'autres animaux, sauvages et apprivoisés, ils aimaient souvent rechercher des points élevés d'où l'on pouvait avoir une vue large, et j'ai trouvé leurs traces et autres signes sur des points élevés dans les montagnes, où seuls des moutons ou des chèvres pouvaient être observés. pour. Le bison des montagnes, ainsi appelé — et considéré par beaucoup de chasseurs comme une espèce bien distincte du buffle des plaines — était particulièrement porté à fréquenter les sommets en été ; sans doute en partie pour éviter les attaques des mouches, mais aussi en partie, je crois, par pur amour de l'escalade.

Comme la plupart des autres animaux herbivores, le buffle était sujet à la panique et était facilement bousculé. Lorsqu'il était complètement effrayé, un troupeau courait un long chemin avant de s'arrêter. Lorsqu'ils étaient alarmés, ils se rassemblaient le plus près possible, courant en une masse dense. Il en résultait que seuls les animaux situés à la périphérie du troupeau pouvaient voir où ils allaient ; ceux du centre suivaient aveuglément leurs dirigeants et dépendaient d'eux. Ce fait même était une source de danger, car les dirigeants, pressés par ceux qui les suivaient, même s'ils voyaient un danger devant eux, ne pouvaient pas s'arrêter et souvent même ne pouvaient pas se détourner, mais étaient constamment contraints de courir vers un danger. qu'ils auraient volontiers évité. C'est l'explication toute simple d'un caractère souvent demandé par les auteurs de cette espèce ; c'est-à-dire leur habitude de courir tête baissée vers le danger, de plonger par-dessus les berges creusées dans les enclos préparés pour eux par les Indiens, ou de se précipiter dans les sables mouvants ou dans les endroits où ils s'embourbaient, ou dans les eaux profondes, ce qui aurait bien pu être évité, ou même face à des obstacles tels qu'un train de voitures ou un bateau à vapeur sur le fleuve. Le simple fait est que les animaux qui voyaient le danger n'ont pas pu l'éviter à cause de la pression exercée par derrière, et ceux qui pressaient les chefs ignoraient le danger vers lequel ils se précipitaient.

J'ai déjà évoqué la croyance populaire mais erronée selon laquelle les buffles effectuaient de vastes migrations au printemps et à l'automne. Ce n'est pas vrai. Il y a eu, sans aucun doute, certains mouvements saisonniers d'est en ouest, et du nord au sud, mais ces mouvements n'ont jamais été très étendus et ne constituent rien de plus que les déplacements très généraux que font de nombreux ruminants entre une aire d'été et une aire d'hiver. Dans tout le pays compris entre la rivière Saskatchewan et la rivière Missouri, les bisons, en été, se déplaçaient près des montagnes et même jusque dans les contreforts ; et à l'arrivée de l'hiver, avec ses neiges et ses vents violents, ils se dirigèrent de nouveau vers l'est, cherchant les terres plus basses et les abris que pouvaient offrir les ravins, les buttes et les vallées fluviales boisées de la prairie.

D'un autre côté, les buffles, dans leurs voyages vers l'eau, se dirigeaient généralement vers les ruisseaux les plus proches, et comme dans les plaines, les ruisseaux couraient généralement d'ouest en est, et les buffles voyageaient en file indienne, leurs sentiers couraient à angle droit par rapport à l'eau. cours des rivières, ou au nord et au sud. Il est fort possible que les directions de ces sentiers, très usés et montrant le passage d'un grand nombre d'animaux, aient donné naissance à la croyance populaire de cette migration du nord vers le sud.

En même temps, il est vrai que les troupeaux de buffles étaient plus ou moins constamment en mouvement. Comme ils étaient très nombreux, il était évidemment indispensable qu'ils se déplacent constamment pour accéder à de nouveaux pâturages. Souvent aussi, ils étaient dérangés par des chasseurs, rouges ou blancs, qui bousculaient les troupeaux, qui se précipitaient alors en masse serrée, pour ne s'arrêter peut-être qu'à dix ou douze milles. En outre, la prairie était fréquemment brûlée, de sorte qu'ils étaient privés de nourriture et qu'il fallait faire de longs voyages pour atteindre de nouveaux pâturages.

PROTÉGÉ

On ne sait pas grand-chose, et on a beaucoup moins écrit sur la tendance des animaux, sauvages et domestiques, à se confiner dans des localités particulières ; Pourtant, tous les gens qui vivent beaucoup à l'extérieur comprennent, même s'ils ne raisonnent pas beaucoup à ce sujet, à quel point les habitudes de nombreux oiseaux et animaux sont très locales. Le fermier, bien sûr, sait que les chevaux et le bétail qui se nourrissent de son pâturage se divisent en petits groupes, dont chacun choisit une zone spéciale où il passe tout son temps, s'en éloignant rarement, sauf pour se rendre à l'eau. ; ou, lors d'un changement de saison, pour migrer de l'aire d'été à l'aire d'hiver ou vice-versa. Chez les animaux domestiques, cet attachement à la localité est fortement marqué, et il est courant que les animaux qui ont été conduits dans un espace éloigné de plusieurs centaines de kilomètres de celui sur lequel ils ont été habitués à se nourrir, reviennent aussitôt vers leurs anciens repaires. à mesure qu'ils sont lâchés. J'ai connu des cas où un tiers d'un grand groupe de chevaux, conduits vers un nouveau domaine à quatre ou cinq cents milles de distance, étaient de nouveau rassemblés un an plus tard sur leur ancien domaine vital. Il est courant que les chevaux qui s'échappent de leurs propriétaires, voyageant à distance du domaine vital, empruntent le sentier arrière et y reviennent.

Parmi nos plus gros gibiers, une situation similaire prévaut. Le cerf de Virginie est très attaché à des localités particulières et, lorsqu'il n'est pas dérangé, limite ses déplacements dans des limites très étroites. Même s'ils sont complètement effrayés et poussés sur une distance considérable, ils reviennent bientôt. Si un vieux cerf à queue blanche est élevé avec des chiens, il peut faire une longue poursuite et parcourir une vaste étendue de pays, mais demain il sera probablement retrouvé dans son ancienne maison. De la même manière, le cerf mulet, le mouflon, la chèvre blanche et l'antilope montrent leur attachement aux localités et, à moins d'être constamment dérangés, errent peu.

La même chose est vraie en ce qui concerne les oiseaux non migrateurs. La gélinotte huppée s'attache à certaines parcelles boisées ou à des marécages particuliers, et les oiseaux peuvent y être trouvés tout au long de la saison. De la même manière, les cailles s'établissent sur certains petits terrains, et, après avoir connu leurs repaires, elles peuvent y être lancées avec une régularité sans faille.

Au cours de mes nombreuses années d'expérience avec le gros gibier, j'ai souvent été confronté à ces faits et j'ai vu beaucoup de choses qui justifient la conviction que, comme les autres animaux sauvages, le buffle éprouve de l'attachement pour une région particulière, ce qu'il n'éprouve pas. désert sauf pour de bonnes raisons, ou lorsque le passage de l'été à l'hiver, ou inversement, entraîne une migration que l'on peut à juste titre qualifier de saisonnière. L'attachement du buffle à la localité et son inertie naturelle sont bien illustrés par une expérience du major GWH Stouch, USA, à la retraite, un soldat vétéran ayant plus de trente-cinq ans d'expérience dans les plaines, dont il m'a parlé il y a de nombreuses années. . Je le donne aussi fidèlement que possible dans ses propres mots : -

« À l'automne 1866, on m'a ordonné de procéder avec la Compagnie C, Troisième infanterie, pour rétablir le vieux Fort Fletcher à l'embranchement nord de Big Creek, à seize milles en aval de l'actuel Fort Hays, Kansas. Lorsque, le 16 octobre, nous avons marché jusqu'au site choisi et sommes allés au camp, j'ai remarqué à un demi-mille au-dessus de nous, au fond du ruisseau, un troupeau considérable de buffles en train de se nourrir ; ils étaient peut-être huit ou neuf cents. Dès que je les ai vus, il m'est venu à l'esprit que je les laisserais tranquilles et que tant qu'ils resteraient là, ils pourraient nous fournir une provision de bœuf à très peu de temps et de peine. J'ai donc ordonné aux hommes de ne pas chasser le ruisseau ni de déranger ces buffles de quelque manière que ce soit, leur ordonnant de faire toute leur chasse en aval du ruisseau.

« Afin de mettre immédiatement mon idée en pratique, j'ai désigné un des soldats comme chasseur et boucher de la compagnie, et je lui ai dit de remonter le ruisseau et de tuer un buffle, mais de ne se montrer ni avant ni après avoir tiré le coup. abattu - simplement pour tuer une grosse vache et ensuite rester à couvert jusqu'à ce que je le rejoigne avec un chariot. Il l'a fait. Au coup de fusil, le buffle sur lequel on tirait fit quelques pas, puis se coucha, tandis que ceux qui étaient les plus proches faisaient quelques sauts, regardaient autour de eux, ne voyaient personne, puis continuaient à se nourrir. Du camp, nous observions le résultat du coup de feu, et aussitôt le coup de feu tiré, je suis allé avec un chariot apporter la viande. Alors que le chariot s'approchait de la carcasse, le buffle le plus proche s'écarta du chemin, sans montrer de peur particulière, et le chariot retourna au camp avec son chargement. Cela se répétait quotidiennement, les buffles n'étant jamais effrayés ni par le coup de feu ni par le chariot, et semblant devenir plus apprivoisés avec le temps, s'approchant souvent à quelques centaines de mètres de l'endroit où nous étions en train d'ériger les bâtiments.

« Vers le 1er novembre, la troupe E, septième cavalerie (sous les ordres du lieutenant Wheelan) est arrivée pour renforcer le poste ; et vers le 19 novembre, la compagnie B, la trente-septième infanterie (sous les ordres du lieutenant Phelps) arriva également. J'expliquai mon plan d'opération à ces officiers et leur demandai de détailler les chasseurs de leurs compagnies et d'ordonner à leurs hommes de traquer le ruisseau et de ne pas déranger ce que j'en étais venu à considérer comme le troupeau de bœufs du poste. Ils l'ont fait et le troupeau est resté avec nous.

« Un matin de février 67, un sergent que j'avais envoyé la veille avec un petit détachement faire un éclaireur, frappa à ma porte et annonça son retour. Entre autres choses, il a déclaré : « Lieutenant, j'ai rencontré notre troupeau de bisons qui remontait le ruisseau, à environ quinze milles d'ici. Ils avançaient lentement ; je me nourris juste.

« J'ai décidé de voir s'ils ne pouvaient pas être ramenés, et, prenant vingt-cinq hommes (accompagnés du lieutenant Cooke, du troisième infanterie, de l'adjudant, du chirurgien adjoint Fisk et de M. Hale, le post-commerçant), j'ai remonté le ruisseau et entra dans la vallée au-dessus du troupeau. Puis, formant une ligne d'escarmouche à travers le fond, nous avançâmes très lentement vers le buffle. Lorsqu'ils nous ont remarqués pour la première fois, les dirigeants ne semblaient pas savoir quoi faire ; mais comme ils étaient habitués à nous voir en grand nombre, au lieu de courir, comme je le craignais, ils se retournèrent enfin et commencèrent lentement à reculer dans la direction d'où ils étaient venus. À la tombée de la nuit, le troupeau était sur son ancienne aire d'alimentation, et là nous l'avons laissé, et il y est resté jusqu'au printemps, et serait sans doute resté plus longtemps, mais, malheureusement, la septième cavalerie, sous les ordres du général Custer, est arrivée dessus. , alors qu'ils descendaient le ruisseau jusqu'au poste pour se ravitailler, après leur poursuite infructueuse des Cheyennes, qui s'étaient enfuis du général Hancock. Le général Custer a donné à deux troupes l'ordre de sécuriser la viande pour le commandement. Après l'avoir poursuivi et tué quarante-quatre têtes, le troupeau fut dispersé et ne revint jamais. Le troupeau a approvisionné le poste (composé d'environ trois cents officiers et hommes) en bœuf frais du 16 octobre 1866 jusqu'au 20 avril 1867 environ.

Le petit buffle, capturé très jeune, était facilement apprivoisé. En fait, il suffisait parfois de permettre au veau de sucer ses doigts pendant un moment ou deux, lorsqu'il suivait le cavalier jusqu'au camp et semblait totalement sans crainte de l'homme. Comme nous l'avons déjà dit, lorsqu'il est très jeune, il est caché par sa mère et, comme les petits des cerfs, des wapitis, des antilopes et d'autres ruminants, il peut alors être capturé et ne fait aucun effort pour s'échapper. Ceci, par de nombreux auteurs, a été dénoncé comme étant de la stupidité et de l'ennui. En fait, il s'agit simplement de suivre l'instinct protecteur commun aux petits de nombreux grands mammifères, à une époque où ils sont sans armes pour se protéger, et sans force ni rapidité pour se sauver en fuyant.

À diverses époques au cours des deux cents dernières années, des tentatives ont été faites pour domestiquer le buffle, et avec un total succès. Mais ces tentatives n'ont jamais été poursuivies assez longtemps pour produire des résultats économiques. Néanmoins, les buffles furent gardés en captivité dès le début du XVIIIe siècle et, vers la fin de ce siècle, ils furent effectivement domestiqués, élevés et croisés avec du bétail domestique en Virginie et, un peu plus tard, au Kentucky. Le récit très complet donné à M. Audubon par M. Robert Wycliff, de Lexington, Kentucky, en 1843, a souvent été cité, et toutes les expériences faites depuis ont confirmé les conclusions alors énoncées. Il a été prouvé, et c'est maintenant bien connu, que les buffles, lorsqu'ils sont domestiqués, sont faciles à manipuler, respectent les clôtures et ne sont guère plus difficiles à contrôler que le bétail domestique ; que le buffle mâle se croise facilement avec la vache domestique ; que la progéniture des deux espèces est fertile avec l'une ou l'autre espèce et entre elles. Il a également été démontré que l'animal croisé est plus gros que l'un ou l'autre de ses parents et constitue donc un meilleur animal de boucherie. En outre, sa peau donne une robe qui, sinon égale à celle du buffle, est du moins de loin supérieure à celle du bœuf ordinaire. Plus importante que le bœuf ou la robe, est la robustesse très accrue de l'animal croisé, qui lui permet de supporter des températures extrêmes de froid et de neige, qui détruiraient le bétail domestique ordinaire.

Depuis l'époque de Robert Wycliff, jusqu'à l'époque où MCJ Jones, du Kansas, commençait des expériences d'élevage de buffles, peu ou rien n'avait été fait dans ce sens. Quelques années plus tôt, MSL Bedson, de Stony Mountain, au Manitoba, s'était attelé au même problème, et les deux hommes avaient connu beaucoup de succès. Tous deux élevèrent des buffles purs en nombre considérable, et tous deux réussirent à croiser le buffle avec la vache domestique et à obtenir une progéniture remarquable par sa taille et par les robes produites. En effet, M. Hornaday cite M. Bedson disant que l'animal élevé aux trois quarts produit « une très bonne robe qui rapportera facilement quarante à cinquante dollars sur n'importe quel marché où il y a une demande pour des robes ».

Il est tout à fait possible que le temps de l'établissement d'une race de buffles soit révolu. Les buffles ont disparu et le nombre d'animaux en captivité sur lesquels on peut s'appuyer est très faible. Néanmoins, la grande prépondérance des taureaux parmi ces buffles domestiqués permet que quelque chose dans cette direction puisse être fait, bien que les chances soient maintenant très faibles.

Le buffle a souvent été mis sous le joug. Robert Wycliff dit de cet animal : « Il marche plus activement et je pense qu'il a plus de force qu'un bœuf du même poids. Je les ai réduits au joug et je les ai trouvés capables de faire d'excellents bœufs ; et pour tirer des chariots, des charrettes ou d'autres véhicules lourdement chargés lors de longs voyages, ils seraient, je pense, de loin préférables au bœuf commun. Sous le joug, on dit cependant qu'ils sont quelque peu difficiles à contrôler, et on cite des cas où des buffles brisés se sont, pour diverses causes, enfuis, au grand détriment de la charge qu'ils transportaient. En 1874, un colon de Trail Creek, dans le Montana, m'a dit qu'il avait une paire de taureaux brisés jusqu'au joug et a déclaré qu'ils transporteraient plus que « deux paires de bœufs sur place ».

Il y a une autre raison, outre le manque de buffles, de penser qu'aucune tentative systématique de croisement de ces animaux avec des bovins domestiques ne sera jamais tentée. L'époque du libre parcours, où le bétail était laissé dans la prairie pour s'occuper de lui-même, hiver comme été, est presque révolue, et d'année en année la superficie du libre parcours se rétrécit de plus en plus. Les avantages d'une grande taille et d'une robe précieuse seraient toujours un attrait pour le fermier ; mais la robustesse qui permet à l'animal métis de supporter presque tous les temps hivernaux cessera bientôt d'être requise, parce que le bétail de presque tout le pays occidental sera gardé sous clôture et nourri de foin pendant l'hiver.

Depuis des temps immémoriaux, le buffle a fourni de la nourriture aux Indiens et, avec l'arrivée de l'homme blanc, il l'a également soutenu. Nous ne savons pas quelle était la méthode primitive par laquelle les Indiens chassaient le bison, mais à l'époque où les hommes rouges furent connus des blancs, alors qu'ils étaient valets de pied, la seule méthode pour sécuriser cet animal était de l'entourer ou de l'enfoncer dans des enclos d'où les buffles ne pouvaient s'échapper et où ils étaient facilement détruits. De tels enclos étaient construits au pied de falaises taillées ou de falaises basses, sur lesquelles les buffles étaient chassés ; ou, dans les pays plus ouverts et plus plats, où l'on ne trouvait pas de ravins aux parois abruptes, on construisait souvent une longue chaussée clôturée sur laquelle les buffles étaient chassés, et lorsqu'ils atteignaient son extrémité, les dirigeants, en raison de la pression de ceux-ci. derrière, ont été forcés de sauter dans l'enclos, et les autres ont suivi, jusqu'à ce que tous soient capturés. Souvent, si l'on franchissait une falaise élevée, la chute tuait de nombreuses bêtes, et même lorsque cela ne se produisait pas, beaucoup d'animaux parmi les plus jeunes et les plus faibles étaient détruits par leurs semblables dans l'énorme écrasement qui se produisait dans le champ. stylo.

A peine les buffles se trouvèrent confinés qu'ils commencèrent à courir autour de l'enceinte, et les hommes debout sur les rondins qui formaient ses côtés, les abattirent avec leurs flèches à pointe de pierre pendant qu'ils passaient, jusqu'à ce qu'enfin tous soient tombés.

Le principe de l'entourage des pieds n'était pas différent de celui-ci. Lorsqu'un troupeau de buffles était découvert, les Indiens attendaient un jour où le vent ne soufflerait pas, puis, rampant vers les buffles, ils les encerclaient de tous côtés. Lorsque la file était assez complète, un homme se montrait et effrayait peut-être les buffles en leur faisant signe de sa robe. Ils se mettaient à courir, lorsque les hommes postés au point du cercle vers lequel ils se dirigeaient se montraient, jetaient leurs robes en l'air et les tournaient dans une autre direction. Ainsi, quelle que soit la direction dans laquelle ils couraient, ils trouvèrent des gens debout devant eux, et bientôt ils commencèrent à courir en cercle au milieu du cercle d'hommes, et continuèrent à le faire jusqu'à ce qu'ils soient épuisés. Peu à peu, les hommes se rapprochèrent, rendant le cercle plus petit, et bientôt les buffles coururent assez près d'eux pour qu'ils soient touchés par leurs flèches.

Il n'arrivait pas toujours que la chasse soit couronnée de succès. Parfois, dans l'enclos, un taureau fort pouvait trouver un endroit où personne ne se trouvait et sauter par-dessus la barrière, ou du moins sauter dessus, en jetant tout son poids contre elle. Il serait très probable qu'il serait suivi par d'autres, et peut-être qu'un certain nombre réussiraient à franchir le mur ; ou bien ils pourraient même le détruire, et alors tout le troupeau sortirait de l'enclos et se perdrait. Parfois aussi, dans les environs, surtout si le troupeau de buffles était nombreux, il était impossible de les retourner et ils se fraient un chemin à travers le cercle des hommes. De la même manière, lorsque, comme cela arrivait parfois, les Indiens installaient leurs huttes tout autour du troupeau, le buffle pouvait encore trouver un moyen de percer et de s'échapper.

Si toutefois tout se passait bien et qu'une bonne partie du troupeau était tuée, il y avait de grandes réjouissances dans tout le camp. Tout le monde était content, car maintenant, pour quelques jours, la nourriture serait abondante et chacun aurait à manger à sa faim ; et il n'y a rien que l'Indien redoute autant que la faim.

Plus tard, après que les Indiens eurent obtenu des chevaux et des flèches pointues en fer, et, plus tard encore, des fusils à répétition, ces anciennes méthodes furent toutes abandonnées. Il était plus facile de chasser les buffles à cheval, et leurs chevaux de bât leur fournissaient un moyen facile de rapporter au camp le butin de la chasse. Maintenant aussi, ils utilisaient la lance pour chasser, poussant le cheval de près sur le côté droit du buffle, tenant la lance en travers du corps et, d'un puissant coup à deux mains, envoyant l'acier tranchant profondément dans les parties vitales de l'animal.

Il n'y a peut-être pas de scène plus excitante que l'une des anciennes chasses au bison menées par les Indiens. Nus eux-mêmes, ils montaient leurs chevaux nus, portant sur le dos ou sur le côté leurs carquois de flèches et leurs arcs à la main. Les bons chevaux de buffle avaient le pied rapide pour attraper la vache, admirablement dressés pour courir à travers la prairie accidentée, souvent dangereux depuis les trous de blaireaux ou les terriers du chien de prairie, et sachant comment s'approcher du buffle et aussi comment éviter sa charge. en fait, il est dressé aussi bien que le poney-vache, qui sait exactement ce qu'on attend de lui lorsqu'il coupe du bétail dans un troupeau. La poursuite se déroulait en silence, et le seul bruit entendu était le grondement de mille sabots, sourd là où le sol était mou, et aigu s'il se durcissait. Si le troupeau était nombreux, la scène était d'une grande confusion. Les buffles et les chevaux avec leurs cavaliers étaient vaguement aperçus au milieu du nuage de poussière soulevé par le troupeau en fuite. Les chevaux dépassaient constamment les buffles, les cavaliers se penchaient, les chevaux s'éloignaient, les buffles tombaient. Les vieux taureaux, dépassés par les cavaliers rapides, s'éloignaient et s'enfuyaient, seuls ou par petits groupes, à droite et à gauche, tandis que les vaches plus rapides, la tête baissée et la queue en l'air, se précipitaient en fuite pour échapper aux Indiens. , qui roulaient avec leurs rangs les plus reculés.

Les chasses aux métis sauvages de la rivière Rouge ne différaient pas beaucoup de cela, à l'exception du fait qu'on utilisait des fusils et qu'il y avait beaucoup de cris et de bruit. Ceux-ci étaient poursuivis à cheval et les hommes étaient armés de vieux canons à silex à canon lisse de la Baie d'Hudson. La poudre était transportée dans une corne et les boules dans la bouche. Lorsqu'il eut déchargé son arme, le chasseur versait la poudre de la corne directement dans le canon, devinant la quantité, glissait une balle de la bouche dans le canon, on donnait à l'arme un pot sur la selle pour déposer la charge, un un peu d'apprêt a été versé dans la poêle et il était prêt pour un autre shot.

Lors de ces chasses, les métis de la Rivière-Rouge transportaient presque entièrement leurs familles et leurs biens dans les célèbres charrettes de la Rivière-Rouge, chacune tirée par un seul cheval et contenant, outre un chargement de bagages, une femme et peut-être deux ou trois enfants. .

Outre ces méthodes de capture massives de buffles, bien sûr, ils étaient tués individuellement par des hommes qui se glissaient suffisamment près d'eux pour enfoncer ne serait-ce qu'une flèche à tête de pierre suffisamment profondément dans les flancs pour atteindre la vie. Souvent, lorsque les buffles se trouvaient dans des situations où il était impossible de les approcher, des hommes déguisés en loups se glissaient parmi le troupeau et tuaient les buffles avec leurs flèches. Catlin et d'autres ont décrit et figuré cette méthode d'approche, qui n'est aujourd'hui traditionnelle que chez les Indiens ; cependant un vieil ami, décédé il y a quelques années, à l'âge de presque cent ans, m'a raconté qu'il avait plusieurs fois tué des bisons de cette manière, soit seul, soit en compagnie d'un ami indien.

Indiens et métis préservaient la chair du buffle en la séchant. Les lanières ou larges flocons de viande étaient coupés d'environ un quart de pouce d'épaisseur et suspendus sur des échafaudages exposés au soleil et à l'air. En un jour ou deux, la viande était complètement séchée, puis pliée à la longueur appropriée et soit attachée en fagots, soit préparée en parflèches. C'est à partir de cette viande séchée qu'a été fabriqué le célèbre pemmican. La viande séchée était rôtie sur un feu de charbon, puis brisée en la pilonnant avec des bâtons sur une peau ou en la pilant entre deux pierres. Cette chair pulvérisée était mélangée à la graisse fondue du buffle et, après que la masse entière ait été soigneusement remuée, elle était emballée dans des sacs faits de peau de buffle, qui étaient ensuite cousus avec du tendon, et à mesure que la masse refroidissait progressivement, le sac devenait dur. , et se conserverait très longtemps.

Le meurtre de buffles, tel que décrit, n'était en aucun cas un sport ; au contraire, c'était un travail des plus durs. La traversée rapide des plaines arides à travers les nuages de poussière, l'abattage des buffles et enfin le dépeçage des animaux étaient un travail physique bien plus dur que la plupart de ceux accomplis par l'homme civilisé. Habituellement, les buffles étaient tués loin de l'eau, et le travail pénible que l'homme accomplissait et la chaleur estivale lui donnaient très soif. Il n'est donc pas étrange qu'il se désaltère en dévorant le foie saupoudré de fiel, ou en mangeant cru le nez gélatineux du buffle.

La description d'un massacre, donnée par Audubon dans son « Missouri River Journal », est très graphique et mérite d'être citée ici :

« Dès que le buffle est mort, trois ou quatre chasseurs, le visage et les mains souvent couverts de poudre à canon, et la pipe allumée, placent l'animal sur le ventre, et, en tirant chaque patte antérieure et postérieure, fixent le corps de manière à qu'il ne peut pas retomber ; on fait une incision près de la racine de la queue, immédiatement au-dessus de la racine en fait, et on coupe la peau jusqu'au cou, et on l'enlève de la manière la plus grossière qu'on puisse imaginer, vers le bas et des deux côtés à la fois. Les couteaux partent dans toutes les directions et de nombreuses blessures surviennent aux mains et aux doigts, mais sont rarement soignées à ce moment-là. La pipe d'un homme a peut-être cédé, et de ses mains ensanglantées il prend celle de son plus proche compagnon, qui a les siennes également ensanglantées. Maintenant, on brise le crâne du taureau, et avec des doigts ensanglantés, on en retire la cervelle brûlante et on l'avale avec un enthousiasme particulier ; un autre a atteint le foie et en dévore d'énormes morceaux ; tandis qu'un troisième peut-être, arrivé jusqu'au ventre, se nourrit luxueusement d'abats qui me semblent dégoûtants. Mais l'essentiel continue. La chair est enlevée des côtés de la bosse, ou os de la bosse, à partir de l'endroit où ces os commencent jusqu'au cou même, et la bosse elle-même est ainsi détruite. Les chasseurs donnaient le nom de « bosse » aux simples os lorsqu'ils étaient légèrement recouverts de chair ; et il est cuit, et il est très bon lorsqu'il est gras, jeune et bien grillé. Les morceaux de chair prélevés sur les côtés de ces os sont appelés *filets* et constituent la meilleure partie de l'animal lorsqu'il est bien cuit. Les quartiers antérieurs, ou épaules, sont enlevés, ainsi que les postérieurs, et les flancs, recouverts d'une fine portion de chair, appelée dépouillé, sont retirés. Ensuite, les côtes sont cassées au niveau des vertèbres, ainsi que les bossages. Les os à moelle, qui sont ceux des pattes antérieures et postérieures seulement, sont découpés en dernier. Les pieds y restent généralement attachés ; la panse est débarrassée de sa couverture de couches de graisse, la tête et la colonne vertébrale sont laissées aux loups. Les pipes sont toutes vidées, les mains, les visages et les vêtements ensanglantés, et maintenant on savoure souvent un verre de grog, car arracher la peau et la chair de trois ou quatre animaux est vraiment un travail très dur.... Quand le vent souffle haut, et les buffles courent vers lui, les fusils des chasseurs claquent souvent, et c'est pendant leurs efforts pour remplir leurs casseroles que la poudre vole et se colle à l'humidité qui s'accumule à chaque instant sur leurs visages ; mais rien n'arrête ces hommes audacieux et généralement puissants, qui, dès que la chasse est terminée, sautent de leurs chevaux, les laissent paître et commencent leur travail de boucher.

Les Indiens et les métis tuaient les buffles pour leur subsistance, pour se nourrir, se vêtir, se loger et pour beaucoup de leurs outils. Les écorcheurs de buffles civilisés l'ont exterminé pour ses peaux. Il y avait une autre classe qui faisait quelque chose pour éliminer les bisons, mais le nombre de bisons tués par eux était insignifiant en comparaison avec ceux tués à des fins commerciales. Cette classe comprenait ceux qui élevaient des buffles à des fins sportives. Courir avec un buffle n'était pas un art difficile, ni particulièrement excitant, sauf dans la mesure où il est passionnant de chasser et de rattraper une créature qui tente de s'échapper. Pourvu qu'un homme ait un bon cheval et soit assez habitué à monter à cheval, il y avait peu de difficultés et peu de dangers dans la chasse au bison. Dans le même temps, la combinaison de la course rapide, du terrain accidenté, de la poussière et de la saleté projetées par le troupeau volant et de la proximité des grandes bêtes ont réduit de nombreux coureurs de buffles lors de leur première poursuite à un degré de nervosité. ce qui l'a poussé à faire précisément la mauvaise chose. Il y a eu des cas, très nombreux, où des cavaliers, essayant de tuer des buffles avec un pistolet, ont tiré sur leurs propres chevaux au lieu du buffle ; et au moins un cas m'est venu à la connaissance où le chasseur excité, chevauchant du côté droit au lieu du côté gauche du taureau, et tirant à travers son propre corps, a réussi à se tirer une balle dans le bras gauche.

Il y avait quelque chose d'assez exaltant dans la course folle après le buffle, un jeu qui n'est pas sans rappeler le jeu « suivez mon chef », auquel jouent les garçons, où le chef choisit le terrain le plus accidenté et le plus difficile sur lequel il peut passer, et le suiveur est obligé de prendre le terrain. même itinéraire. Mais la chasse au bison est désormais un sport d'un passé lointain et il est inutile d'en parler longuement.

À l'époque de son abondance, le buffle était une espèce des plus impressionnantes, et son nombre énorme a été un thème sur lequel de nombreux écrivains ont pris plaisir à s'attarder. Les adjectifs leur manquaient pour décrire les multitudes de buffles aperçus, et il n'était pas rare que les hommes parcourent de longues distances au milieu de grands troupeaux, qui leur faisaient un chemin lent à mesure qu'ils passaient. De nombreux calculs ont été effectués sur le nombre de buffles observés à un moment donné ; mais, après tout, il ne s'agit que de conjectures. Des termes comme milliers et millions, si couramment utilisés, n'ont que peu ou pas de sens, car nous n'avons aucun critère de comparaison permettant de les mesurer. Tous les auteurs précédents, aussi explicites soient-ils dans leurs descriptions de leurs nombres, ne parviennent pas à impressionner le lecteur, car personne ne pouvait comprendre de tels nombres sans les voir. Le Dr Allen, M.

Hornaday, le colonel Dodge et plusieurs des anciens explorateurs donnent beaucoup de choses sur ce sujet. Quelques lignes du Journal d'Alexander Henry donnent une idée de leur nombre sur la rivière Rouge. Il dit, daté du 18 septembre 1800 : « J'ai pris ma vue matinale habituelle du haut de mon chêne et j'ai vu plus de buffles que jamais. Ils formaient un seul corps, commençant à environ un demi-mille du camp, d'où la plaine s'étendait du côté ouest de la rivière aussi loin que le regard pouvait atteindre. Ils se déplaçaient lentement vers le sud et la prairie semblait en mouvement. Cet après-midi, j'ai parcouru quelques kilomètres en remontant Park River. Les quelques endroits de bois qui le longent ont été ravagés par les buffles ; il n'y a que les grands arbres dont l'écorce est parfaitement lisse, et des tas de laine et de poils gisent au pied des arbres. Les petits bois et les broussailles sont entièrement détruits, et même l'herbe n'est pas autorisée à pousser dans les pointes du bois. Le sol nu est plus piétiné par ce bétail que le portail de la cour de la ferme.

Même ces derniers temps, on pouvait voyager plusieurs jours d'affilée à travers des troupeaux qui, à l'œil, semblaient couvrir absolument une prairie noircie, et j'ai moi-même voyagé pendant des semaines à travers le Nord-Ouest sans, à aucun moment de la journée, être hors de vue. de buffle. Combien de millions il y avait dans les grands troupeaux que nous traversions, il est inutile de le calculer maintenant. Ils sont tous partis. Mais sur une vaste étendue du pays occidental, ils ont laissé des monuments encore visibles et durables dans les sentiers profonds qui sillonnent la prairie dans toutes les directions.

D'autres souvenirs encore visibles et qui touchent le cœur des anciens, bien que pour l'homme d'aujourd'hui ils n'aient aucune signification, sont les énormes rochers erratiques qui gisent ici et là au-dessus de la prairie où ils ont été lâchés par le grande masse de glace lors de son passage depuis les hautes terres. Contre de tels rochers, les buffles frottaient leur corps, et de telles masses de granit ou de quartzite silex, polies et avec leurs angles vifs usés par le frottement contre elles des peaux dures, peuvent souvent être vues. Autour d'un tel rocher, profondément creusé dans le sol, se trouve la tranchée où les taureaux, les vaches et les jeunes animaux marchaient autrefois en poussant leurs flancs contre la roche dure, leurs sabots coupant le sol en fine poussière qui était emportée par le vent. le vent. Les angles de ces vieilles pierres à friction sont encore décolorées par la graisse laissée sur elles par les peaux de buffles, et en les regardant, on pourrait croire qu'elles n'ont servi qu'hier.

Voici donc des monuments de granit impérissable, façonnés par une race de créatures muettes, et racontant à celui qui sait lire leurs sculptures une longue histoire de vie, de pouvoir et de multitude disparus à jamais. Depuis les temps les plus reculés, l'homme a érigé sur toute la terre ses monuments commémoratifs durables pour abriter les merveilles des âges ultérieurs ; mais parmi les races de bêtes, laquelle a fait cela, sinon le bison ?

BISONS D'AMÉRICAIN

(BOS BISON [6])

La grande élévation de l'avant-train, la masse de poils longs recouvrant la tête, les épaules et la partie antérieure du corps, ainsi que la forme particulière de la tête et des cornes, ces dernières étant cylindriques, servent à la fois à distinguer le bison. des autres membres de la tribu des bœufs. Certains des points qui distinguent le bison d'Amérique de son cousin européen sont que la masse de poils sur les quartiers antérieurs est plus longue, la forme du crâne est différente, les cornes sont plus courtes, plus épaisses, plus émoussées et plus fortement courbées. Dans le crâne de l'animal américain, les orbites ont une forme plus tubulaire.

Hauteur à l'épaule environ 6 pieds ; poids de 15 à 20 quintaux ; un taureau adulte pesé par WT Hornaday pesait 1727 livres.

Distribution. — La plus grande partie de l'ouest de l'Amérique du Nord, s'étendant jusqu'au Grand Lac des Esclaves et descendant jusqu'au Nouveau-Mexique et au Texas ; maintenant presque exterminé. Les écrivains américains reconnaissent deux races (ou espèces), le bison des prairies (*B. bison typicus*) et le plus grand bison des bois (*B. bison athabascæ*) des hautes terres forestières du nord-ouest.

MESURES DES CORNES

LONGUEUR SUR COURBE EXTÉRIEURE	CIRCONFÉRENCE	D'UN BOUT À L'AUTRE	LA PLUS LARGE DIFFUSION INTÉRIEURE	LOCALITÉ	PROPRIÉTAIRE
— 21½	15¼	..	35 dehors	Nord du Montana	Cisaillement WF
20⅞	15	..	30½	Wyoming	L'hon. F. Thellusson
— 20¼	16⅛	33½	..	?	Racine WH
—19	12½	..	..	Ouest du Montana	P. Liebinger
18⅞	14¾	..	16⅞	Ouest du Montana	Le regretté JS Jameson
— 18¼	14	26¼	29	Pays Sioux	Sir Greville Smyth, Bart.

—18	14	..	..	Montana	F.Sauter
17¾	12⅜	15⅛	..	?	SAR le Duc de Saxe-Cobourg et Gotha
—17½	12½	..	..	Sud-ouest du Montana	Théodore Roosevelt
17½	12	..	25½	Wyoming	SAR le Duc d'Orléans
17½	13½	21	..	?	Vicomte Powerscourt
17⅛	11⅜	10⅜	17⅛	?	Musée anglais
—17	14	17½	..	Yellowstone, Montana	Comte E. Hoyos
16⅝	14¼	24	..	Monts Bighorn, Wyoming	Moreton Frewen [7]
16½	12½	19⅜	..	Colorado	Sir Edmund G. Loder, Bart.
16¼	13½	14¼	..	?	Duc de Portland
16⅛	15⅞	25¾	..	Colorado	Sir Edmund G. Loder, Bart.
15½	14⅜	..	19¾	Wyoming	Saint-George Littledale
—15,8	12.14	15	..	Territoire indien, près du Texas	Prince Henri de Liechtenstein
14	..	12¼	..	Parc Nord, Colorado	Colonel Ralph Vivian
13½	13½	17½	..	?	G.Wrey
13⅜	12	..	..	?	L'hon. Walter Rothschild

LE MOUTON DE MONTAGNE : SES VOIES

PAR OWEN WISTER

MOUTON DES ROCHEUSES

Un dimanche matin, le 10 juillet 1892, je me suis réveillé au milieu de mes couvertures Pullman, rares mais enchevêtrées, et j'ai persuadé le store à ressorts cassés de ma couchette inférieure de glisser suffisamment vers le haut pour offrir une vue sur Livingston, Montana. Dehors, je vis avec plus que plaisir un bélier de montagne gras et florissant. Il était attaché à un poteau télégraphique et il examinait avec une indifférence engendrée par beaucoup de familiarité notre wagon-lits, qui était venu de Saint-Paul, débarqué la nuit dernière du train en route vers la côte, parce que c'était ce matin pour transporter son wagon-lit. un tas de touristes remontant la branche du parc de Yellowstone jusqu'à Cinnabar. Le bélier avait regardé les touristes orientaux et leurs voitures assez longtemps pour que le lent regard de son œil n'exprime pas un parenté mais le même mépris qui couvait dans le regard des Indiens à la gare de Custer, des puncheurs de vaches à Billings, de tous les autres. Créature des montagnes Rocheuses, en effet, sous l'observation de laquelle passe le touriste de l'Est. Cher lecteur, va te placer face au lion au zoo si tu ne vois pas ce que je veux dire. La stigmatisation était si évidente qu'il m'est venu à l'esprit fantastique de me retirer et d'expliquer à l'animal que je n'étais pas un touriste, que j'avais déjà chassé et tué des membres de son espèce et que je devrais probablement le faire à nouveau. Et pendant que j'étais ainsi assis à spéculer parmi les couvertures Pullman, le bélier sauta de terre sans aucune importance, agita ses pattes avant, descendit, courut vers le poteau télégraphique comme s'il s'agissait d'une quintaine, et l'instant d'après broutait sereinement le plat. avec l'air de n'avoir eu aucun lien avec les troubles récents.

Qu'est-ce qui l'avait déclenché ainsi ? Extrême jeunesse ? Non; car lorsque j'ai entendu parler de lui, il avait cinq ans, maturité correspondant chez nous, hommes, à une trentaine d'années. C'était simplement son propre tempérament charmant. Aucune locomotive ne s'était approchée ; de plus, comme je devais le constater plus tard, il ne se souciait pas des locomotives ; aucun citoyen, vieux ou jeune, des deux sexes, ne l'avait offensé ; il n'y avait pas non plus de mouvement d'aucune sorte à Livingston, dans le Montana, en ce beau dimanche matin. Alors que je me trouvais sur la plate-forme, seul le vent soufflait des champs de neige ensoleillés, et ce n'était pas sombre, tandis que de hautes directions invisibles arrivait un léger tintement agréable de cloches de vache.

Il n'y avait pas deux minutes que j'étais sur la plate-forme lorsque le bélier a récidivé. Oui, c'était simplement son tempérament charmant ; et souvent depuis, très souvent, lorsque j'étais entouré de nombreuses connaissances, je lui ai envié son privilège joyeux et relaxant. J'étais maintenant heureux d'apprendre que le train secondaire avait encore un temps considérable pour attendre le train de Tacoma, avant de pouvoir m'emmener de la compagnie du bélier ; Je n'aurais probablement plus l'occasion d'observer un mouton de montagne vivant et en bonne santé dans sa propre lande natale, et après le petit-déjeuner, je cherchai immédiatement son propriétaire.

«C'est une belle journée», dit le propriétaire.

«Et un très beau bélier», lui ai-je assuré.

"Il est plutôt sympa", a poursuivi le propriétaire. "Vous pouvez l'avoir pour cinq cents."

« Vous êtes loin de Londres », fut mon commentaire ; et il m'a demandé si moi aussi j'étais anglais. Mais je ne l'étais pas, et je n'avais aucune envie d'emporter le bélier, de sauter et de sauter dans la civilisation.

Trois cents livres auraient été, je suppose, un peu plus lourd que lui, mais pas beaucoup ; il se tenait presque aussi haut que ma taille et, à un moment donné de sa longue, longue ascendance, il avait marché jusqu'à nous depuis l'Asie sur ses longues jambes qui ne ressemblaient pas à des moutons - avait sauté les détroits glacés avant qu'Adam (sans parler de Behring) ne soit dans le monde, et pendant que les détroits eux-mêmes attendaient que la mer se brise pour briser le pont terrestre entre le Kamtchatka et l'Alaska. C'est la meilleure hypothèse que la science puisse faire concernant l'origine mystérieuse de nos moutons. Sur notre sol, aucun des cimetières naturels ne conserve ses ossements jusque tard dans l'ère géologique ; Avant la période glaciaire, ni lui ni son camarade tout aussi anormal, la chèvre blanche, ne semblaient avoir été parmi nous ; et nous pouvons facilement supposer que les moutons et les chèvres ont entrepris leur voyage ensemble et ont traversé le grand et vieux pont des Aléoutiennes que Behring a retrouvé plus tard en fragments. Après avoir débarqué là-haut, dans le nord polaire, ils ont parcouru leur chemin vers l'est et le sud à travers notre Pacifique et nos montagnes Rocheuses, jusqu'à ce que, au moment où nous sommes nous-mêmes venus vivre sur le continent nord-américain, ils avaient - les moutons en particulier - se répandirent largement et occupaient un beau domaine lorsque nous les rencontrâmes.

« Entre autres choses, nous nous sommes procuré deux cornes de l'animal… connu des Mandans sous le nom d'ahsahta… enroulées comme celles d'un bélier. »

Ceci, à ma connaissance, est le premier mot du mouton de montagne enregistré par un Américain. Ainsi écrivait Lewis le 22 décembre 1804, alors qu'il était en camp d'hiver avec les Indiens Mandan, à quelques kilomètres en amont de la rivière d'où aujourd'hui le pont du Pacifique Nord relie Bismarck à Mandan. Nous le retrouvons le 25 mai suivant, alors qu'il remonte le Missouri un peu au-delà du Musselshell, écrivant : « Au cours de la journée, nous avons également vu plusieurs troupeaux d'animaux à grandes cornes parmi les des falaises abruptes au nord, et en a tué plusieurs ; » C'est ce à quoi l'un de ses compagnons explorateurs commente à juste titre dans son propre récit : « Mais ils ressemblent très peu aux moutons, sauf par la tête, les cornes et les pieds. » Il ne vaut pas la peine de citer une référence ultérieure faite lorsque le groupe se trouvait près de la rivière Dearborn, au nord, à environ soixante milles de l'endroit où se trouve aujourd'hui la ville d'Helena.

Ainsi, on peut voir que Meriwether Lewis, secrétaire particulier du président Jefferson et commandant de cette grande expédition, rencontra les moutons des montagnes dans le Dakota et, de là, jusqu'aux Montagnes Rocheuses, il se familiarisa avec lui ; mais pas assez familier pour l'empêcher de faire plus tard une confusion entre moutons et chèvres, ce qui, transmis de génération en génération, a retardé de nombreuses années une connaissance claire de ces animaux. J'y reviendrai lorsqu'il sera question des chèvres.

Jusqu'à tout récemment, c'est-à-dire jusque dans les années 80, on trouvait encore des moutons en abondance là où Meriwether Lewis les trouvait dans les Bad Lands du Dakota ; et ils habitaient dans la plupart des chaînes de montagnes occidentales, de l'Alaska à Sonora. Ils n'étaient pas alors exclusivement allés vers les sommets ; le grand plateau était assez haut pour eux. Je me souviens très bien d'une promenade en juillet 1885, où, du chariot dans lequel j'étais assis, j'ai vu une petite bande d'entre eux nous regarder passer, dans un pays d'armoises et de buttes si insignifiantes qu'elles ne ressemblent pas à des collines. la carte. C'était entre Medicine Bow et la rivière Platte. Rencontrer le mouflon d'Amérique aujourd'hui serait une circonstance très extraordinaire ; et quant au Dakota, là aussi la civilisation est arrivée ; et vous trouverez les divorces plus courants que les moutons — et moins précieux.

ALERTE—(*Ovis stonei*)

C'est Gass que j'ai cité plus haut quant au peu de ressemblance entre ce soi-disant mouton sauvage et le mouton habituel de notre expérience ; et c'est Gass dont je me suis souvenu ce dimanche matin à Livingston, pendant que je me rassasiais d'observation. Le bélier, comme son propriétaire me l'avait assuré, était en toute vérité tout à fait « typique » ; et vous pourriez l'examiner d'aussi près que vous le souhaiteriez. J'ai saisi sa corde, je l'ai tiré vers moi et je lui ai frotté le nez. Comme un mouton ? J'ai déjà parlé de ses longues jambes. Je l'ai maintenant examiné attentivement à la recherche de tout signe de toison. Il n'y avait aucun signe. Des cheveux courts, d'une texture semblable à celle de l'antilope et d'une couleur proche du gris que l'on voit sur la ligne de pêche, le couvraient de près et d'épaisseur. Sur son cou et ses épaules, elle se confondait avec un brun rougeâtre très clair, et sur sa croupe, elle devenait une tache beaucoup plus claire, mais non blanche. En fait, la teinte de son manteau variait subtilement sur tout son corps ; et je suis tenté de remarquer à ce propos qu'en décrivant la couleur des animaux sauvages, la plupart d'entre nous ont eu tendance à rendre nos affirmations beaucoup trop rigides. Il y a bien sûr des animaux entièrement blancs ou noirs, etc. ; mais beaucoup, plus vous les scrutez, plus vous révélez des gradations, comme ce bélier l'a fait ; le matériel de pêche gris n'est qu'une impression grossière de sa teinte du 10 juillet ; le 1er décembre de la même année, je l'ai revu et ses poils étaient devenus plus foncés et ressemblaient à ceux d'un chat maltais. De plus, j'ai vu en été d'autres moutons qui m'ont frappé, certains plus clairs, d'autres plus foncés que le gris du matériel de pêche. Et que signifient, devons-nous en déduire, ces variations ? Ajustements au climat et à l'environnement, à l'état d'âge et de santé de l'individu, ou à plusieurs espèces distinctes de moutons ? Je pense que je devrais me garder de cette dernière conclusion à moins d'être prêt à accepter une différence dans la couleur des yeux et des cheveux de deux frères comme étant une base suffisante pour les classer comme des sous-espèces distinctes de l'homme. C'est une pensée chère à beaucoup d'entre nous qu'une montagne, un lac, une rivière, une rue, ou même (plutôt que rien du tout) une ruelle, porteront notre nom et le porteront ainsi à travers les âges ; et nos zoologistes ne sont pas totalement exempts de ce besoin très humain ; mais on m'a appris à douter que, pour le mouton de montagne, l' *Ovis canadensis* [8] (ou *Ovis cervina*, comme le disent encore certains livres), plus d'une ou deux subdivisions prouveront, en fin de compte, un élargissement valable de nos connaissances. . Il s'agit d' *Ovis dalli*, [9] une variété blanche du centre de l'Alaska, au nord de la latitude 60°, et (peut-être) *d'Ovis stonei*, [10] une variété sombre aux cornes plus fines et courbées vers l'extérieur, en Alaska et dans le nord de la Colombie-Britannique. Les quatre autres sous-espèces potentielles ont été identifiées comme *Ovis canadensis auduboni*, *Ovis nelsoni*, [11] *Ovis mexicana*, [12] et *Ovis fannini*. [13] Ces quatre variétés peuvent être considérées non pas tant comme des variétés de moutons que comme des œuvres de fiction.

Quant au nom général, tous sont d'accord pour le laisser passer commodément pour un mouton, — commodément, mais avec un certain nombre de réserves que la science peut formuler. Il a, par exemple, des points communs avec la famille des chèvres. En effet, la science peut, en dernière analyse, difficilement distinguer le mouton de la chèvre. Nos *Ovis* n'ont absolument aucun parent sur ce continent ; mais on trouve des cousins au Kamtchatka, au Tibet et en Inde ; et un chasseur m'a dit que le mouflon de Corse lui ressemblait pas peu. J'ai oublié de mentionner qu'il n'a pas de queue à proprement parler. Alors maintenant, vous qui ne l'avez jamais regardé, voyez-le, si vous le pouvez, à travers ma vision non scientifique, alors que je lui frottais le nez à Livingston, Montana : grand presque comme un cerf, en forme presque comme un lourd cerf à queue noire. cerf, aux cheveux courts, grisâtres, sans queue, avec des cornes de bélier inattendues courbées autour de ses oreilles velues et vers l'avant, avec des yeux jaune foncé et graves, et avec l'air d'un grand gentleman dans chaque ligne de lui. Le mouton apprivoisé est désespérément *bourgeois* ; mais cet aristocrate des montagnes, ce habitué de la neige propre, des rochers escarpés et du silence, a, même au-delà de l'élan mâle, ce même air sûr et inconscient d'être non seulement bien élevé, mais *de haute* race, non seulement de gibier mais *de beau* gibier, que nous encore au XXe siècle, on se rencontre parfois entre hommes et femmes. Qu'est-ce qui donne la distinction ? Qui peut dire? On le retrouve parmi les poules et les poissons. Ce qui le préserve, nous le savons ; et nos lois finiront par l'extirper. Beaucoup de gens ne le reconnaissent déjà pas, que ce soit dans la vie ou dans les livres. Mais la nature méprise le suffrage universel ; et quand nos maisons auront cessé de contenir des gentilshommes, nous pourrons encore les trouver dans les jardins zoologiques.

Lors de mon entretien avec le mouton, des trains de marchandises étaient passés une ou deux fois sans le déranger ni attirer son attention ; mais comme je m'éloignais et le laissais paître, arriva un moteur à commande qui fit un grand bruit. Cela ne l'effrayait pas, mais le mettait en colère. Une fois de plus, il sauta en l'air en agitant ses pattes avant et descendit excentriquement pour charger avec fureur son poteau télégraphique. Oui, il était « tyme », si l'on entend par ce mot qu'il n'avait peur ni des hommes ni des locomotives ; mais justement ici il y a un trou dans notre dictionnaire. Imaginez-vous que cinq années de captivité vont apprivoiser le sang et les nerfs d'une créature venue d'Asie par le pont des Aléoutiennes au Pléistocène et qui a couru à l'état sauvage dans les montagnes jusqu'en 1887 ? Il était suffisamment « apprivoisé » pour ne vous prêter aucune attention – jusqu'à ce qu'il veuille vous tuer ; et c'est ce qu'il voulait quand je le vis le premier jour du mois de décembre suivant. Puis ce fut sa période de rut ; il était prêt à attaquer et à détruire avec ses puissantes cornes tout ce qui se passait à Livingston ; et c'est donc dans une écurie que j'ai retrouvé le pauvre garçon, que j'ai jeté un coup d'œil par la porte entrebâillée, où son propriétaire l'avait enfermé et attaché dans l'obscurité, loin de ses droits naturels d'amour et de guerre. J'ai remarqué son manteau d'hiver de maltais, j'ai entendu sa respiration menaçante, j'ai vu l'éclat sauvage et dangereux de ses yeux qui roulaient ; et ce furent mes adieux au captif.

C'est une excellente occasion d'étudier un bélier vivant que je n'ai plus jamais eu. Dans les autres occasions où j'ai pu les approcher, l'étude n'a pas été mon objet, et la distance entre nous a été plus grande ; mais un jour heureux plus tard, j'ai observé une brebis avec son agneau pendant une bonne partie de la matinée.

Au cours de l'été 1885, comme je l'ai dit, les mouflons n'avaient pas encore quitté les régions tout à fait accessibles du Wyoming ; et il est très probable qu'il soit encore descendu dans la plupart de ses anciens repaires. Le petit groupe que j'ai vu n'était pas à beaucoup de kilomètres de l'un des plus grands ranchs de ce pays, et les créatures se tenaient en pleine vue d'une route fréquentée, qui n'était pas alors une route d'étape, mais une route qui pouvait être quotidiennement fréquentée par des gens à cheval ou des gens qui conduisent en direction du nord depuis Medicine Bow vers l'immense pays de bétail de la Platte et de la Powder River encore plus loin, jusqu'aux monts Bighorn. Ces mêmes montagnes qui portent le nom du mouton et qui étaient autrefois si peuplées de moutons ainsi que de tous les autres gros gibiers des Rocheuses sont maintenant saccagées et vides. Cachés ici et là, certains existent peut-être encore, mais en tant que fugitifs dans un sanctuaire, et non en tant qu'habitants libres de la nature. J'ai vu trois ans apporter ce changement que trente ans n'avaient pas apporté ; et en 1888, vous auriez cherché en vain, je pense, des moutons sur la route de Medicine Bow à Fetterman. Je les ai trouvés cette année-là, non pas à un jet de pierre des niveaux faciles de la terre, mais dans les airs à une grande distance.

Le Washakie Needle, pour raide, est vraiment un pays déchirant, et c'est pourquoi les moutons sont là. C'est là que s'élèvent Owl Creek, Grey Bull et certaines autres eaux affluentes du Bighorn ; et je ne suis jamais allé avec des chevaux de bât dans un pire endroit. Un endroit pire, en fait, que je n'ai jamais vu ; bien qu'ils me disent que là où Green River se dirige vers la Continental Divide (bien en vue depuis la Washakie Needle à travers le pays intermédiaire de Wind River), vous pouvez, si vous le désirez, vous enchevêtrer, vous perdre parmi les clivages et les canons qui tranchent et fendent le des montagnes à un labyrinthe déchiqueté. Du bord de cette toile rocheuse, j'ai reculé, découragé, un an plus tard ; et pour les effets verticaux, le Washakie Needle reste, comme on dit, « assez bien » pour moi. Nous avons lutté pour y parvenir à travers un pays de points de départ, un groupe de montagnes hautes, chauves et hérissées qui, juste au-delà de l'angle sud-est du parc de Yellowstone, viennent de plusieurs directions pour se rencontrer et s'attacher dans ce riche enchevêtrement de sommets, rebords et descentes. Vous n'avez vraiment jamais vu un tel endroit ! et mon souvenir est rendu sinistre par une aventure avec un orage qui ne peut être relatée ici parce qu'elle s'est produite un des jours où nous avons trouvé des wapitis, mais où nous avons lamentablement manqué nos moutons. Perdre un mouton, permettez-moi de le dire, c'est avant tout manquer la chose la plus complète que je connaisse.

SOUS UN CIEL CHAUD—(*Ovis nelsoni*)

Des encouragements, de faux encouragements, nous étaient parvenus après notre toute première nuit au camp près du Washakie Needle. Le lendemain soir, nous avons mangé du mouton sauvage pour le dîner. Ce premier jour, le mercredi 29 août, nous apporta cette douce chance, douce non seulement par sa promesse de plus (car le pays était évidemment plein de moutons), mais presque également parce que plus tard, au cours de notre périlleux voyage, nous avions revenons au bacon. Or, être une partie de chasse, se trouver dans les montagnes Shoshone en août 1888 et manger *du bacon*, c'était être humilié ; seuls nos durs voyages, qui ne nous permettaient pas de nous occuper d'autres affaires, pouvaient excuser un tel tarif ; c'est pourquoi notre orgueil et nos estomacs saluent ce mouton sauvage. Il n'y avait pas grand-chose à saluer : c'était un jeune bélier ; et entre nous six, après le bacon… dois-je en dire plus ?

J'avais eu l'intention, jusqu'à ce paragraphe même, de sauter ce qui s'est passé le lendemain. Mais je deviens confidentiel ; ce seront les aveux d'un mauvais tireur. J'ai lu dans les livres et dans les périodiques tant de pages où l'on ne tirait jamais que de bons coups ; J'ai écouté — Dieu miséricordieux ! — les récits de mes amis chasseurs ; et, lecteur, à moins que tu ne sois pas du tout comme moi, tu as lu de telles pages aussi, tu as écouté de telles histoires aussi, et tu as trouvé une monotonie glisser sur ces triomphes des autres, la montée à un cheveu, le bruit silencieux. l'approche, le tir à longue portée, cent mètres, deux cents, cinq cents, avec des visées non réglées mais une élévation simplement devinée, et le résultat inévitablement infaillible ; et au milieu de toute cette habileté asphyxiante, vous avez parfois désiré un souffle pur et frais d'échec, n'est-ce pas ? Eh bien, en tout cas, vous lirez ce qui m'est arrivé ; et, outre la variété, il y a une deuxième bonne raison à cela ; vous ne pourriez pas mieux apprendre les mœurs des moutons de montagne, ce que, pour autant que je les connais, j'essaie de vous le dire.

Quatre d'entre nous furent assez stupides pour partir ensemble en ce mauvais matin ; deux partis, c'est-à-dire du guide et du guidé. Il n'y a jamais de gain à faire cela, et presque toujours une perte. L'attention que vous devriez accorder à vos affaires se divise par la conversation, ou par l'attente d'un membre du groupe qui a pris du retard ; et peu importe à quel point vous restez silencieux, quatre personnes sont sûres, à un mauvais moment, de se faire remarquer ; Il vaut mieux chasser seul, à moins que les circonstances ne vous obligent à être deux (les régions escarpées rendent cela judicieux), mais assurément ne courez jamais après le gibier à quatre, comme nous, deux hommes blancs et deux Indiens, le faisions maintenant. Nous avons travaillé et travaillé et nous sommes finalement arrivés au sommet plutôt qu'au bas de quelque chose. Ce n'était qu'une crête, peu élevée, qui descendait partout dans notre propre vallée ou dans la suivante ; mais il nous avait fallu deux heures de sueur pour arriver simplement ici, et ici nos huit yeux discernèrent des moutons, une bonne bande. Mais pas avant que les moutons nous aient aperçus, quatre chasseurs rusés. Nous ne le savions pas alors, car ils restaient immobiles là où ils semblaient paître. C'était un grand chemin en ligne droite dans les airs, car les moutons étaient de petits points sur la montagne ; et il n'y avait pas de ligne droite pour les atteindre. Nous avons travaillé et travaillé jusqu'à un nouveau fond et vers le haut sur une nouvelle pente, et avons fait un « furtif » des plus élaborés, en nous accroupissant, en nous arrêtant et en manœuvrant généralement parmi les pierres, le gravier et les touffes de végétation dures ; ainsi nous arrivâmes avec une grande prudence à l'endroit où se trouvaient les moutons, et, levant la tête, contemplâmes le vide qu'ils avaient laissé, et eux-mêmes nous contemplant du haut de la montagne. Je suis sûr que vous savez ce que l'on ressent lorsque votre pied entre dans l'espace à ce que vous pensiez être le bas de l'escalier. Il y a un halètement d'une sensation très particulière lié à cela, et c'est ce que j'ai eu maintenant, suivi immédiatement par la rétrospection non moins désagréable de moi-même avec mon fusil à moitié armé, rampant prudemment sur des mètres sur mon ventre, tandis que les moutons regardaient. moi je le fais. Ils étaient là au sommet de cette nouvelle montagne, bien au-dessus de nous, et nous, quatre chasseurs, avons continué notre route comme nous avions commencé. J'ai oublié de dire qu'entre nos autres folies, nous avions amené des chevaux. Ne faites jamais une chose pareille ! Si vous n'êtes pas suffisamment entraîné pour chasser le mouflon sur vos propres jambes, attendez et grimpez quelques jours jusqu'à ce que vous ayez repris votre souffle. Ce que mon cheval a fait pour moi en ce jour précieux, c'est ceci : nos collines étaient trop escarpées pour qu'il puisse me porter, alors je l'ai conduit ; ils étaient trop raides pour qu'il puisse me porter, alors je l'ai conduit ; et entre-temps, quand je traquais les moutons, je devais naturellement le laisser derrière moi, et je devais naturellement revenir le chercher une fois la traque terminée. Vous n'aurez alors qu'une opinion médiocre de mon bon sens ; mais gardez à l'esprit que les Indiens Shoshone chassent invariablement à cheval et qu'à cette époque, j'étais encore trop « guidé » pour pouvoir dicter à n'importe quel Indien quel sentier nous devrions suivre et de quelle manière nous devrions chasser. . Toute cette chasse de 1888, depuis les lointains Tetons et les eaux de Snake River jusqu'à Washakie Needle et Owl Creek, est une histoire de lutte entre nous et nos guides à la peau rouge ; nous commencions à connaître les montagnes, à avoir envie d'exploration, à essayer les sentiers inexplorés ; et pour un Indien (même si vous ne vous en douteriez jamais avant d'en souffrir), le chemin invaincu est celui qu'il ne souhaite jamais essayer et qu'il fera tout pour s'échapper, même jusqu'à vous abandonner et rentrer chez lui.

Nous, les chasseurs, mettions maintenant nos jambes à un nouveau travail, et bientôt nous étions de nouveau en sueur et pouvions contempler une troisième vallée semblable aux deux que nous avions si péniblement quittées. Au pied de cette nouvelle entaille dans les collines coulait un petit ruisseau comme tous les autres, et au-delà se hérissait interminablement les intersections en forme de couteaux des montagnes. Nous avions placé nos moutons derrière une petite colline le long du sommet, et il y avait encore entre celle-ci et nous quelque trois cents mètres. Nous étions, bien sûr, bien au-dessus de l'endroit où poussaient les arbres, et le sol était pierreux, avec des végétations courtes et sans gros rochers à proximité immédiate ; un pâturage élevé et bosselé de monticules et de creux, mouillé de neiges mais récemment fondues, souvent grêlé, mais rarement pluvieux. Plus bas, ce pays de pâturages (qui constituait le sommet de toutes les montagnes, sauf les plus hautes et les plus sévères) s'effondrait en descentes de graviers et en effondrements abrupts de roches. Pour nous rapprocher de nos moutons, nous avons découvert que nous devions descendre une partie de cette colline que nous venions de gravir ; ils étaient aux aguets, mais heureusement ils surveillaient le mauvais endroit, et nous nous sommes tous assis avec une fierté joyeuse pour une consultation. L'autre côté de la colline s'était soudain révélé être un précipice, un véritable précipice, qui s'étendait très loin et se terminait par un écroulement de pierres mouvantes, puis il faisait un ou deux sauts supplémentaires et atteignait ainsi l'eau à le fond lointain. Ce côté-là était notre seule voie possible, et nous avons jeté un autre regard sur les moutons. Ils avaient renoncé à regarder et, dans la joie, nous nous sommes rapidement mis en route vers eux. Nous avions si habilement choisi le terrain pour notre approche que nous étions cachés par une succession de petites collines et de creux qui s'étendaient entre nous et les moutons. Cette fois, cette fois, il ne fallait pas ramper pour trouver le vide, ni lever la tête pour découvrir le mouton disparu qui vous regardait à vol d'oiseau ! Ce que les cœurs des autres chasseurs ont fait, je ne le sais pas, mais mon cœur battait avec une exaltation vindicative alors que nous courions accroupis parmi les petits creux intermédiaires, parfaitement cachés aux moutons et nous rapprochant enfin d'eux. Il n'y avait plus qu'une colline et un creux entre nous et l'endroit où ils paissaient ; et par-dessus cette colline, nous nous précipitâmes droit sur les genoux d'une vingtaine de moutons dont nous ne connaissions rien ; ils étaient tous couchés. Ils ne savaient rien non plus de nous ; la surprise était réciproque. Tout autour de moi, je les voyais s'élever comme un seul homme et se mettre à plonger au-dessus du précipice. La confusion m'envahit comme une inondation ; tous mes sens se sont fondus en une seule perception floue dans laquelle je n'étais conscient que des pattes arrière et des sautillements. Des propos effrayants sortaient de moi, mais je n'entendais pas de quoi il s'agissait ; tout n'était qu'un tourbillon et une dispersion d'hommes et de moutons. Aucun de nous, chasseurs, n'était prêt avec son arme ou son intelligence. Nous nous sommes précipités sans discernement jusqu'au bord, et les moutons sont partis, se précipitant sur les pierres, glissant, sautant et se dissolvant. Et maintenant, soudain, alors que cela ne servait à rien, nous nous sommes rappelés que nous portions des fusils, et comme un chœur dans un opéra-comique, nous nous sommes tenus au sommet de la montagne, actionnant de manière concertée les leviers, tirant nos Winchesters dans l'espace.

C'était il y a quinze ans ; pourtant, alors que je lis mon journal de camp implacable, je rougis malgré les rires ; c'est un boulot brûlant de regarder la vérité en face ! Et maintenant vient le dernier faible bruit du ridicule. Nous tournâmes la tête et vîmes les moutons pour lesquels nous étions venus, les moutons pour lesquels nous avions escaladé deux montagnes, les moutons dont nous étions enfin arrivés à une centaine de mètres, disparaissant sur une dernière crête si loin qu'il leur restait pas de couleur et une seule dimension : la longueur. Ils ressemblaient à une poignée de cure-dents. Naturellement, ils n'étaient pas restés inactifs pendant que nous étions si occupés ; pendant que nous perdions la tête, ils avaient gardé la leur ; et pendant notre brève fusillade – toute cette affaire absurde n'aurait pas duré plus de trois minutes

– ils avaient mis entre nous une telle série de hauts et de bas qu'il n'était plus question de les poursuivre.

Nous nous tenions au sommet vide de la montagne avec notre journée gâchée. Il n'y avait aucun animal vivant en vue nulle part. Ceux qui ont sauté dans la vallée se sont perdus parmi les pins et nous ont mis en garde contre nous. Ici, nous avions déchaîné à une telle vitesse qu'un large cercle de moutons devait être averti de notre voisinage. Pourquoi l'avions-nous fait ? C'est exactement pour la même raison qu'un certain nombre de braves gens se sont enfuis subitement à Bull Run comme si la perdition était à leurs trousses. La surprise, je suppose, est à la base des actes les plus inexplicables des hommes. Et si vous vous demandez pourquoi nos deux Indiens ont été surpris, je ne peux que répondre par une de mes théories selon laquelle les Indiens qui chassent à cheval ont peu de connaissances sur les moutons de montagne. Les antilopes, les cerfs, les cerfs à queue blanche et noire, et même les wapitis, peuvent être et sont constamment ainsi chassés par les Indiens ; mais quand il s'agit de grimper là où les chevaux ne peuvent pas aller, je soupçonne que son cavalier y va rarement non plus. Avec le recul, je vois maintenant que toute cette excursion s'est déroulée dans l'ignorance et que nos guides (tous deux excellents chasseurs d'autres gibiers) ont négligé ici le tout premier principe, à savoir arriver au sommet des montagnes et traquer.

Nous sommes retournés au camp, et le wapiti que l'un de nous a abattu au coucher du soleil n'a pas expié notre mélancolique farce. Mon journal se termine ainsi : « Ainsi s'est terminé le jeudi 30 août, une journée des plus instructives, pleine de temps, de vent et d'expériences. »

Au petit déjeuner, nous supportions un peu, faisant grand cas du fait qu'après tout les moutons que nous avions vus n'étaient que des brebis et des agneaux. Cela ne nous aurait pas amené à les épargner, bien sûr ; nous étions à court de viande fraîche quand nous les avons vus ; et bien que la tête et les cornes d'une brebis ne constituent pas un noble trophée pour le chasseur, elles représentent un travail acharné et valent décidément mieux que rien du tout quand on est débutant et affamé.

Nous avons repris un autre parcours, en direction des montagnes du côté de la vallée opposé à l'itinéraire d'hier. Mon Indien n'avait aucun espoir. « Trop de tirs », a-t-il remarqué. "Fuyez." Mais bientôt nous passâmes des pistes très fraîches et commençâmes une de ces ascensions où l'on est continuellement sûr que le prochain sommet est le véritable sommet. Nous étions venus chercher le mouton à une époque où il vit principalement sur le toit de sa maison. Lui et la chèvre habitent, on peut le dire avec justesse, la plus haute demeure de tous nos ruminants ; en effet, vous pouvez présenter le tout ainsi :

Nos montagnes Rocheuses sont un immeuble de quatre étages. Le fond est constitué d'armoises et de cotonniers, le deuxième de pins et de trembles, le troisième de buissons de saules, de prairies humides et de moraines, et le quatrième de rochers chauves et de champs de neige. La maison commence à environ cinq mille pieds de haut et s'étend jusqu'à quatorze mille. Nous n'avons rien à voir avec le chien de prairie et autres qui vivent dans la cave ; c'est à l'antilope qu'appartient le premier étage, et aussi au cerf de Virginie, qui s'élève cependant un peu dans le second. L'élan, le cerf à queue noire et le cerf mulet possèdent en commun un deuxième et un troisième étage, tandis que le quatrième est le territoire exclusif du mouton et de la chèvre. Mais voici la différence ; ces derniers (le mouton, certainement) descendent vers toutes les autres histoires si la saison les pousse ou si l'humour leur convient ; ils vont du toit au sol, tandis que les autres animaux, sauf lorsqu'ils sont chassés, doivent rarement être rencontrés au-dessus ou au-dessous des niveaux qui leur sont assignés. J'ai rencontré un mouton sur Wind River en juillet, là où poussait l'armoise, et un autre sur une colline boisée juste au-dessus du lac Jackson.

Ce jour-là, nous sommes montés au quatrième étage par un escalier cher au cœur d'un mouton. Je traversai un domaine étrange où tout autour de moi se dressaient de petits piliers de pierres rondes cuites ensemble dans la boue et plantées debout, chacune supportant un seul rocher d'une autre couleur posé dessus transversalement ; des traits de nécromancie qu'ils auraient semblé à l'époque des sorcières, des autels qui pouvaient s'enflammer la nuit tandis que des sortes de petits êtres nus, avec des dents, accomplissaient des rites sur le corps écrasé du voyageur, car ici, depuis nos pieds, les petites pierres roulaient vers la droite et laissé dans les profondeurs invisibles. Vous qui ne l'avez pas vu, vous ne pouvez pas imaginer comment, ici et là, dans les Montagnes Rocheuses, ces maçonneries de la nature suggèrent l'œuvre non pas des hommes mais des démons. Le silence s'est installé autour de moi tandis que je traversais l'étrange Stonehenge nain ; et en haut, nous nous trouvâmes à regarder de l'autre côté une souche grise qui bougeait à ce moment-là. Les lunettes nous montraient les pattes du moignon et les fines cornes frisées ; et nos cœurs, qui étaient depuis quelque temps lourds à cause de cette mauvaise chance, s'allégèrent. Seulement, comment l'atteindre ?

SURPRIS (Mouton Blanc— *Ovis dalli*)

Nous avions presque abandonné le jeu lorsque nous aperçumes le bélier ;
nous étions venus si loin depuis si longtemps ; et nous étions maintenant
assis sur – presque à cheval – sur cette crête ultime, l'Indien répétant à chaque
instant d'un ton lugubre : « Pas de mouton. Le bélier ne se doutait pas de
nous et se coucha bientôt au soleil près du fond d'un ravin rocheux. Nous ne
pouvions pas voir l'ensemble du ravin, même après avoir rampé sur un flanc
de la montagne, une surface infinie de pierres roulantes avec de rares
parcelles d'herbe et parfois un rocher inébranlable. Cette descente semblait
être l'effort le plus éprouvant à ce jour. Il était presque toujours (et parfois
tout à fait) impossible de remuer un pied ou une main, ou de déplacer une
fraction de mon poids, sans déclencher un flot ondulant de pierres qui riaient
et rebondissaient et recueillaient du bruit alors qu'elles coulaient vers le bas,
pour finalement bondir en un gouffre rocheux qui poussait des rugissements
creux. J'avais souvent la certitude que ces sons devaient atteindre le bélier ;
mais ils n'étaient qu'à côté de lui, pour ainsi dire, et séparés par le mur incliné

de la montagne qui séparait son ravin de celui le long duquel je progressais si lentement. Je ne crois pas que la distance totale aurait pu dépasser trois cents mètres ; pourtant, j'ai mis près de trente minutes à l'accomplir avec l'aide des touffes d'herbe et de tous les autres accessoires disponibles à portée de main dans cette mer glissante de pierres. Je suis enfin arrivé là où je voulais être, et une chose vraiment désagréable s'est produite : j'ai été pris de « fièvre de l'argent » ! Cela ne m'a pas empêché de finalement tenter ma chance ; mais voici toute l'aventure.

Je me suis levé et j'ai regardé par-dessus le bord vers le ravin suivant. Il y avait le bélier, qui m'a vu au même moment et s'est levé. Il m'a probablement manqué; car après mon tir, il a continué à marcher vers moi d'une manière tranquille, à moins de cinquante mètres de distance, je pense, dans son ravin. Que j'aie encore tiré dessus ou non, je *ne m'en souviens pas*, je ne me souviens pas du soir même où j'ai essayé de consigner fidèlement tout l'événement dans mon journal ! La fièvre du mâle n'est pas la seule raison de cette incertitude ; car maintenant, derrière chaque rocher au-dessous de moi, des cornes surgissaient comme des pièges sortis d'une trappe, des apparitions de cornes partout, une invasion de moutons de montagne. Ils sont venus directement vers moi, c'était la partie la plus bouleversante de tout cela. Je n'en ai vu aucun courir dans le ravin ; ils ne m'avaient pas fait sortir, ni rien compris, sauf qu'un bruit les avait dérangés. Ils montaient et montaient autour de moi, me dépassaient, allant et venant régulièrement à travers la montagne tandis que ma fièvre de cerf faisait rage. "J'ai vu leurs grands yeux graves et les différentes nuances de leurs cheveux, et j'ai remarqué que leurs sabots bougeaient - mais s'ils passaient vite ou lentement, ni quel était leur nombre, je ne m'en souviens pas du tout." Tels sont les véritables mots que j'ai écrits à peine six heures plus tard, et je suis heureux de posséder ce récit approfondi de cette journée et de mon état d'esprit passé ; car avec la meilleure honnêteté du monde, aucun homme ne peut, de mémoire seule, reconstruire le minuscule édifice de vérité qui a été recouvert par un amas de quinze années de rassemblement. Alors je me suis retrouvé, fou et inefficace, sur les montagnes, et peu de temps après, il n'y avait plus de moutons. Il me restait en moi une parcelle d'action consciente, à savoir que pendant le passage du mouton, je m'étais suffisamment tenu en contrôle pour mettre « une perle » sur la bordée de deux moutons successivement ; Je me souviens les avoir suivis un moment avec mon fusil avant d'appuyer sur la gâchette. Mais je ne les ai jamais revus, et je ne sais pas où je les ai frappés – si je les ai touchés, je l'ai fait. Un trophée reste à montrer pour cette journée. Un bélier, abattu à quelque moment de l'invasion, revint au ravin où j'étais, et se tint à peu de distance au-dessus de moi ; et puis j'ai réussi à placer un tir là où je voulais qu'il aille.

Les visions de cette bande, alors qu'elle se dispersait par deux ou trois après avoir traversé mon ravin, m'inclineraient à deviner qu'il devait y en avoir entre quinze et vingt, tous des béliers. Leur sexe est bien certain ; l'impression la plus intense qui a été donnée à mes perceptions détendues est celle de leurs énormes cornes recourbées et de leurs yeux solennels. Il est odieux de penser que certains d'entre eux ont été blessés et sont donc partis boiter ou mourir ; et je suis reconnaissant de n'avoir que très peu de souvenirs de tirs gratuits, et quelques souvenirs consolants de tentations résistées. Ces béliers échappèrent pour la plupart aux tirs aveugles de mon fusil ; de cela, j'en suis sûr. Je les ai vus, hauts et bas, proches et lointains, se mettre en sécurité sur les crêtes abruptes ou descendre dans des canons invisibles ; et en fouillant les environs, nous ne trouvâmes qu'une seule trace de sang. Quant à la fièvre du mâle, c'était la première crise que j'ai jamais eue, et elle s'est avérée la dernière. Pourquoi cela aurait-il dû s'attarder les années précédentes et s'abattre sur moi en 1888, qui le dira ? Vous vous étonnerez autant que moi qu'un ours à pointe argentée ne m'en a pas donné la moindre touche en juillet 1887. Un ours est un gibier plus important qu'un mouton ; ce grizzly était le premier que je voyais et j'étais moins expérimenté. L'excitabilité est une question de tempérament qui varie à l'infini ; mais cela n'explique guère pourquoi, avec un ours à abattre, aucun concombre n'aurait pu être plus frais que moi une année, et pourquoi l'année suivante, avec ces béliers, j'ai l'air d'avoir été un imbécile inutile. L'apparition inattendue de tant d'animaux n'en est pas responsable, car lorsque je me suis levé pour regarder par-dessus la crête avant mon premier coup qui les a mis en vue, j'étais complètement secoué.

Ces démarches n'ont en aucun cas porté atteinte à l'appétit. Avec la saveur du wapiti, du cerf, de l'antilope, de l'ours et même du porc-épic, nous étions familiers ; mais le mouton sauvage était encore une grande nouveauté, et nous le trouvâmes le plus savoureux de tous. Je dis « nous l'avons trouvé » et non « c'était le cas », car j'ai trouvé un morceau de pâte éponge autour d'une assiette en fer blanc pleine de graisse de bacon donc très délicieux ! Le romantisme du gibier sauvage se mélange tellement à son goût qu'on découpe un steak de chevreuil avec onction et respect. Pourtant, j'en suis presque venu à penser que notre bon vieil ami le rosbif est plus savoureux que tout ce que nous pouvons trouver dans les bois. Si vous recherchez uniquement le plaisir de la table, faites une bonne promenade tous les jours dans le parc, ou même en ville, et les viandes de votre cuisine (si vous avez la chance d'avoir une cuisine) seront de qualité supérieure. à toutes les viandes du camp.

En regardant en arrière, je suis plus sûr que jamais que nos Indiens n'en savaient pas beaucoup plus que nous sur les habitudes des moutons de montagne et qu'ils ne raisonnaient pas plus que nous. La veille, quelle avait été notre expérience ? Croiser des bandes de brebis et d'agneaux. Si les femmes et les enfants étaient ainsi seuls au mois d'août, il n'était pas difficile de conclure que les hommes devaient se tenir compagnie ailleurs. Lorsque nous avons aperçu ce bélier en train de prendre le soleil dans le ravin, nous aurions dû essayer de vérifier s'il était seul ou non. Du point de vue de l'histoire naturelle, la saison estivale trouve l' *Ovis canadensis* , ainsi que de nombreux autres ruminants, ainsi séparés par sexe ; et il est probable que si vous rencontrez une brebis, elle n'est pas loin d'être plus grande, et qu'il vaut mieux ne pas présumer qu'un bélier est solitaire jusqu'à ce que son habitude individuelle ait été ainsi prouvée. Il est peu probable que vous trouviez des brebis et des béliers ensemble avant la saison du rut, [14] en décembre. J'ai lu dans un ou plusieurs livres que les agneaux sont mis bas en mars, mais je pense que c'est une date un peu précoce, ou plutôt que beaucoup viennent en avril et qu'il n'est guère correct de limiter leur saison au mois d'avril. un seul mois. Les agneaux, depuis leur naissance jusqu'à la fin de l'automne, suivent leurs mères attentives et reçoivent en fait une éducation pendant six mois. Et j'ai eu, un jour de septembre 1896, la chance singulière d'observer une maman avec son enfant pendant une période encore plus longue que mon observation du bélier à Livingston.

Les Tetons se trouvent juste au sud du parc de Yellowstone et directement aux frontières du Wyoming et de l'Idaho. Toute carte récente pourrait sembler prouver que cette géographie est inexacte, car, d'après ce que je comprends, une extension tardive de la réserve forestière s'étend au-dessous de ces montagnes et les inclut très judicieusement, ainsi que le lac Jackson, avec toute la partie du pays vers l'est jusqu'à la ligne de partage des eaux continentales. . De tous les endroits des Montagnes Rocheuses que je connais, c'est le plus beau ; et, comme il est trop haut pour que l'homme puisse y construire et prospérer, ses arbres et ses eaux devraient être protégés de la destruction irresponsable de l'homme ; ces forêts alimentent le grand système fluvial du Columbia et du Snake. Mais j'ai été un braconnier, selon la carte récente. En 1896, cependant, la ligne se trouvait à quelques milles au nord de chez moi ; et la veille de voir la brebis et l'agneau, j'avais abattu une brebis. C'est, je crois, considéré comme antisportif de faire cela ; Mais je n'ai encore jamais vu de chasseur qui ne ramènerait pas joyeusement une brebis dans un garde-manger vide. Notre garde-manger était vide, même du poisson, qui était abondant jusqu'à ce que nous montions ici parmi les Tetons, où les ruisseaux étaient trop petits pour le poisson.

Mon but ce deuxième jour était de trouver, si je le pouvais, un bélier ; et cela s'est avéré l'une de ces occasions (malheureusement rares d'après mon expérience) où, étant déçu de son souhait, quelque chose de mieux descend des dieux, apportant une consolation. C'était une montée moins rude que celles dont j'ai déjà parlé, car notre camp parmi les Tetons était voisin du quatrième étage ; À moins, je suppose, de mille pieds au-dessus de notre tente, la montagne était dépourvue d'arbres. À partir de là, ce n'était pas une longue marche jusqu'à la neige.

Lorsque j'ai vu pour la première fois la mère et l'enfant, je les avais déjà dans une situation très désavantageuse ; ils étaient, bien sûr, là où je ne m'attendais pas à ce qu'ils soient, mais j'étais là où ils ne s'attendaient pas à ce que je sois ; et c'est ainsi que je m'aperçus de leur présence à une grande distance au-dessous de moi, venant en fait vers moi par le sentier que j'avais moi-même parcouru. Sentier, il faut bien le comprendre, n'entend pas ici un chemin tracé par les hommes, ni même par le gibier, mais simplement la manière la plus agréable de gravir cette partie de la montagne. La mère avait emmené son enfant visiter le troisième étage, était allée au milieu des pinèdes et des lieux découverts, où coulaient des ruisseaux et où poussaient de l'herbe avec plusieurs sortes de fleurs et de baies mûres ; et maintenant elle retournait aux hauteurs de son propre monde particulier. Hélas pour mon appareil photo ! c'était irrémédiablement au camp. J'ai déposé mon fusil inutile, car aucune de ces vies ne devait recevoir de moi aucun mal ; et avec ce qu'il y a de mieux après un appareil photo - mes jumelles - je me suis préparé pour une étude de cette famille aussi prolongée et approfondie qu'elle le permettrait. Mais les jumelles ne sont qu'un mauvais pis-aller dans un tel cas ; quelques photos de cette dame et de sa progéniture « à la maison » vous en auraient dit plus que mes mots n'espèrent vous transmettre.

Je n'ai jamais vu des gens moins pressés. Du début à la fin, ils traitèrent toute la montagne comme on traiterait sa bibliothèque (la salle à manger était peut-être plus proche de la réalité) lors d'une matinée oisive entre les repas réguliers. Aucune matrone aisée, une fois sa journée de ménage terminée, n'aurait pu regarder par la fenêtre avec plus de sérénité que cette brebis surveillait son quartier. Les deux hommes étaient maintenant arrivés à ce qui, à leur avis, était un endroit approprié pour s'arrêter. « Leur » opinion n'est pas correcte ; c'était, je l'ai vite compris sans équivoque, la maman qui – bien plus que la mère américaine moyenne comme le sont les mères américaines aujourd'hui – décidait de ce qui était bon et convenable pour son enfant. Cet agneau était élevé aussi strictement que s'il était anglais. Ils venaient de terminer une ascension un peu longue et sans relief, donc je l'avais donc, en tout cas, déjà trouvée. Cette région supérieure de la montagne s'élevait au-dessus de la ceinture forestière en trois terrasses bien marquées, bordées de parois rocheuses extrêmement symétriques. Chaque terrasse formait une plate-forme assez plane et assez large, sur laquelle on était heureux de s'attarder un moment avant de gravir la pente jusqu'au mur de terrasse suivant. J'étais assis au bord de la terrasse supérieure, un sol de pierres et d'herbe et de petits buissons d'épicéas et de genévriers très épais ; la maman venait d'atteindre la terrasse juste au-dessous de moi, et après elle, le long du mur, elle avait grimpé et fait grimper le petit agneau avec (j'ai été distrait de

le remarquer) presque autant de difficultés que j'en avais moi-même trouvées
à cet endroit. La maman en savait beaucoup plus sur l'escalade que l'agneau
et moi.

LE MOUTON À SELLE—(*Ovis fannini*)

Là, ce couple se tenait bien en vue, à quelques centaines de pieds – environ
trois cents, je pense – au-dessous de moi ; et j'étais assis ici à mon aise, comme
une personne regardant par-dessus un balcon confortable, les observant à
travers ma lunette. Il y avait une certaine gaieté à l'idée à quel point le
comportement de la maman aurait été différent si elle avait pris conscience
qu'elle-même, son enfant et son intimité étaient tous en présence d'un groupe
qui prenait des notes. Mais elle, du début à la fin, n'en a jamais pris
conscience, et j'ai été témoin d'une heure domestique pleine de discipline,
d'encouragement et d'instruction. Les lunettes les rapprochèrent un peu
comme si elles regardaient par le trou de la serrure ; Je pouvais voir la couleur

de leurs yeux. L'expression de la dame aurait facilement pu passer pour critique. Après avoir jeté un coup d'œil autour de la terrasse, son geste envers l'agneau ressemblait assez à une remarque : « Oui, il n'y a pas de personnes inappropriées ici ; vous pouvez jouer si vous le souhaitez.

Quelque chose de ce genre se produisit entre eux, car, après avoir attendu que l'agneau brouillé vienne avec elle au niveau et se tienne à côté d'elle, elle parut le chasser de ses pensées. Elle se déplaçait sur la terrasse, broutant un peu, marchant un peu, s'arrêtant, profitant du beau jour, pendant que son bon enfant s'amusait tout seul. Je ne craignais qu'une chose, c'est que le vent ne se mette à souffler capricieusement et ne leur signale par le nez qu'un étranger païen se trouve dans le voisinage. Mais le vent heureux coulait doucement et immuablement sur les hauteurs des montagnes. Je n'ai rien plus apprécié en plein air que d'être assis sur la terrasse à regarder ces créatures dont mes mains n'allaient pas verser le sang innocent.

Après une période de détente, la mère jugea qu'il était temps de continuer. Il n'y avait rien de hasard dans son action ; j'en suis convaincu. Comment elle a fait, comment elle a laissé entendre à l'agneau qu'ils ne pouvaient plus s'arrêter ici, je ne prétends pas le savoir. Je sais cependant qu'il ne s'agissait pas simplement d'une simple errance vers le haut, confiante que l'agneau le suivrait ; parce que maintenant (comme je vais le décrire), elle a définitivement fait rester l'agneau derrière elle. Elle commença alors à gravir la colline droit vers moi, pas vite mais sûrement, attendant de temps en temps, exactement comme d'autres parents attendent, que son jeune enfant la rejoigne. Çà et là, il y avait des buissons de feuilles raides et serrées, qu'elle traversait facilement, mais qui étaient trop nombreux pour l'enfant en bas âge. L'agneau se retrouvait parfois au milieu de l'un d'eux et se trouvait incapable de passer à travers ; après un ou deux petits efforts, il reculait et faisait un autre chemin, et je le voyais alors se précipiter vers l'endroit où sa mère attendait. Dans une de ces occasions, la mère le reçut d'une manière qui semblait presque dire : « Mon Dieu, à votre âge, je n'avais aucun problème avec une chose pareille ! Ils se rapprochèrent peu à peu si près de moi que je rangeai mes lunettes. Il fut un temps où ils n'étaient pas à cinquante pieds au-dessous de moi et j'entendais leurs petits pas ; et une fois, la brebis éternua de la manière la plus naturelle. Pendant que je me demandais ce qu'ils feraient en se retrouvant sur la terrasse sur mes genoux, la brebis a vu une manière qu'elle préférait. Si elle s'était dirigée vers ma gauche pendant que je la regardais, et avait ainsi atteint mon niveau, le vent m'aurait infailliblement trahi ; mais elle tourna dans l'autre sens et longea le mur de la terrasse jusqu'à un coin de buissons assez haut pour fournir un travail pénible à l'agneau. Pendant qu'elle faisait cela, je me suis précipité vers un nouveau poste. Là où j'étais assis, elle me verrait forcément dès qu'elle aurait grimpé vingt pieds plus haut, et j'ai donc cherché un abri propice et je l'ai trouvé dans un bouquet de conifères. Elle arriva au mur d'où elle put sauter dessus. Cela s'est fait en un éclair et ne ressemblait à rien de ce qu'une matrone aisée pourrait accomplir ; mais une fois au sommet, elle redevint la matrone à part entière. Elle scruta le nouveau terrain d'un œil critique et avec une apparente satisfaction au début. J'ai volé les lunettes à mes yeux et j'ai vu ses lèvres fermées arborant une expression assez fade de celle d'une dame que je connais lorsqu'elle entre dans une pièce pour passer un appel et trouve que le papier peint et les meubles reflètent, dans l'ensemble, favorablement. la maîtresse de maison. Pendant ce temps, le pauvre petit agneau sautait en vain contre le mur ; le saut était trop haut pour cela. Ses sabots avant effleuraient juste le bord, et il tombait en arrière pour réessayer. Finalement il bêla ; mais la mère ne jugea pas que ce soit un moment d'indulgence. Elle ne prêta pas la moindre attention à l'appel à l'aide. Il n'y avait rien de dangereux dans cet endroit, aucune difficulté déraisonnable pour tirer le meilleur parti du mur ; et par ses propres processus, que vous les appeliez pensée ou instinct, elle a laissé son enfant affronter l'une des difficultés naturelles de la vie et acquérir ainsi l'autonomie.

Pensez-vous que cela soit fantaisiste ? C'est parce que vous n'avez pas suffisamment réfléchi à ces choses-là. La maman n'a sans doute pas utilisé les mots « autonomie » ou « difficultés naturelles de la vie » ; mais si elle n'avait pas eu son équivalent mouton pour ce que ces mots signifient, son espèce aurait péri depuis longtemps sur la terre. Le mouton de montagne est passé maître dans l'art de se préserver ; son œil est dix fois plus perçant que celui de l'homme, parce qu'il doit l'être, et ainsi son pied est dix ou vingt fois plus agile ; tous les sens sont développés jusqu'à une extrême vigilance. Elle prend plus justement pied que nous, parce qu'elle a dû fuir des dangers qui ne nous assaillent pas. Que l'instinct maternel (que ces mères conservent jusqu'à ce que leurs petits puissent se déplacer par eux-mêmes) échoue dans un domaine aussi immédiat que le besoin de ses petits de comprendre l'escalade, est une idée plus déraisonnable que le fait qu'elle doive être constamment attentive à ce point. . Mais, mieux que n'importe quel discours de ma part, le prochain pas de la brebis montrera à quel point elle gravissait cette montagne en pensant à sa progéniture.

L'agneau avait bêlé et n'avait apporté aucun signe de sa part. Elle est restée debout ou a avancé de quelques mètres dans ma direction. Cela signifie qu'elle montait une pente assez douce et que trente mètres de plus l'atteindraient près de mon buisson à feuilles persistantes. Elle s'approcha à moins de trente mètres et s'arrêta brusquement. Elle n'avait soudainement pas aimé l'apparence de mon feuillage persistant. Derrière elle, d'un côté, la dernière ascension raide de la montagne s'élevait de plus en plus dépouillé de toute végétation jusqu'à son sommet pierreux et invisible qu'une courbe de la crête finale cachait à la vue. Derrière elle, sur la pente tranquille de la terrasse, se trouvait le mur où elle avait laissé l'agneau. Elle recula maintenant de quelques pas raides, gardant un œil sur le feuillage persistant. Son incertitude à ce sujet et la réserve féminine de ses lèvres fermées m'ont fait étouffer de rire. Surprendre un animal sauvage en train de subir un processus (ce que nous appelons) entièrement humain a toujours été pour moi une expérience délicieuse ; et d'ici à la fin, le parcours de ce mouton fut aussi humain que possible. J'avais été tellement occupé à la surveiller ces dernières minutes que j'avais oublié l'agneau. L'agneau avait grimpé le mur et s'approchait. Sa maman se tourna maintenant et descendit modérément la pente jusqu'à elle. Ce qui s'est dit entre eux, je ne le sais pas ; mais l'enfant n'avança pas plus loin dans ma direction suspecte ; il resta parmi quelques petits buissons, et la mère revint scruter ma cachette. Elle m'a regardé droit dans les yeux, semble-t-il, et sa curiosité et son indécision m'ont encore étouffé de rire. Elle s'est approchée encore plus près qu'avant. Dans quelle mesure elle a vu de moi, je ne peux pas le dire, mais probablement mes cheveux et mon front ; elle en a en tout cas conclu que ce n'était pas un endroit convenable. Elle se tourna comme j'ai vu des dames se détourner d'une voiture fumante, et sans hâte chercha de nouveau son enfant. La façon dont elle a géré leur prochain mouvement dépasse ma compréhension ; J'imaginais que chaque pied de l'ascension de la montagne près de moi était à ma vue. Mais ce n'était pas le cas. De manière tout à fait inattendue, j'ai maintenant pris conscience des deux, trottant par-dessus l'épaule de la crête au-dessus de moi, avec déjà deux ou trois fois la distance qui nous séparait tout à l'heure. Si j'avais voulu les suivre, cela aurait été inutile, et j'en avais assez vu. Quand j'étais prêt, je me suis dirigé moi-même vers le sommet. Le côté que j'avais gravi jusqu'à présent était le côté sud, et une petite ascension supplémentaire me fit franchir l'étroite épaule au nord, où je marchai bientôt dans de longues plaques de neige. A travers celles-ci, devant moi, passaient les traces de la maman et de son agneau, du sage et doux guide avec la petite novice qui apprenait les montagnes et leurs dangers ; à travers ces parcelles, je les ai suivis pendant plusieurs kilomètres, parce que ma voie était la leur. Sans doute m'ont-ils vu quelquefois ; mais je ne les ai jamais revus. J'espère qu'aucun mal ne leur est jamais arrivé ; car j'aime penser à ces deux-là, ces membres d'une race innocente et charmante que nous sommes en train de disparaître, comme restant insensibles à notre bruit et à notre destruction, restant sereins dans la liberté qui vit parmi leurs sommets de solitude.

MÉGORNE AMÉRICAINE

(OVIS CANADENSIS [15])

Le mouflon d'Amérique, y compris ses races locales (souvent considérées comme des espèces distinctes), est un grand mouton, qui se distingue de l'argalis asiatique, entre autres caractéristiques, par la douceur relative des cornes, chez lesquelles l'angle frontal extérieur est proéminente et celle intérieure arrondie, ainsi que par la plus petite taille des glandes faciales. Il y a une tache blanchâtre bien marquée sur le croupion, mais la quantité de blanc sur les parties inférieures et les pattes présente des variations locales considérables. Chez la race typique des Rocheuses (*O. canadensis typica*), les oreilles sont longues et pointues, avec des poils courts, et les cornes, très lourdes, divergent peu vers l'extérieur et ont généralement les pointes cassées. Le californien *O. canadensis nelsoni* est une race méridionale plus pâle. Par contre, chez *O. canadensis stonei* des territoires du nord-ouest, la couleur du dos est très foncée et le blanc du ventre et des pattes est nettement défini. Et tant chez cette race que chez l' *O. canadensis dalli* de couleur claire d'Alaska, les cornes sont plus claires, plus divergentes et plus pointues, tandis que les oreilles ont tendance à devenir plus courtes, plus émoussées et plus poilues. Hauteur à l'épaule environ 3 pieds 2 pouces ; pèse environ 350 livres.

Les cornes des brebis sont très petites par rapport à celles des béliers, mesurant rarement plus de 15 pouces sur la courbe de la base à la pointe. Les grandes cornes mâles sont maintenant difficiles à obtenir, et ces dernières années, il est rare que celles de spécimens fraîchement tués dépassent 38 pouces sur la courbe d'une pointe à l'autre. Les sportifs américains sont désireux d'obtenir des cornes de grande circonférence basale ; mais celles-ci, comme le montre le tableau suivant, dépassent rarement 16 pouces. Le Maclaine de Lochbuie possède un spécimen dont la circonférence, d'après ses propres mesures, est de 19 pouces.

Distribution. —Amérique du Nord, depuis les montagnes Rocheuses vers le sud jusqu'à Sonora, le nord du Mexique et la Californie, et vers le nord jusqu'à l'Alaska et les rives de la mer de Béring. La race alaskienne, pendant au moins une partie de l'année, est blanche comme neige.

LONGUEUR SUR LA COURBE AVANT	CIRCONFÉRENCE	D'UN BOUT À L'AUTRE	LOCALITÉ	PROPRIÉTAIRE
— 52½	18½	..	Les Selkirk, Colombie-Britannique, 1885	Cisaillement WF
—45	..	..	?	W. Grant Mackay
— 42½	16¼	25¾	Basse Californie	George H.Gould
42	16	(conseils très usés)	Wyoming	Repris par TWH Clarke
..	17¼	..	Wyoming	TWH Clarke
— 41½	15	..	Kootenay, Colombie-Britannique	Mesuré par John Fannin, Musée provincial, Colombie-Britannique
— 40¾	16½	..	Pierre jaune	Musée anglais
40¼	15¼	20¼	?	Sir Edmund G. Loder, Bart.
—40	15¼	..	montagnes Rocheuses	Othon Shaw
40	15	21½	Colombie britannique	JWR Jeune
39⅝	15⅜	..	Colorado	Saint-George Littledale
39½	16½	24¾	Montana	Musée anglais

39½	15½	19	?	Sir Edmund G. Loder, Bart.
—39	15¾	..	?	WA Baillie-Grohman
38⅜	15½	22	?	Gérald Buxton
38¼	16⅜	..	Monts Bighorn	H. Seton-Karr
38¼	15¼	19¼	Montana	Edmond Littledale
38¼	16	19	Territoires du Nord-Ouest	S. Ratcliff
38	17	..	Alberta, Territoires du Nord-Ouest	Arnold Pike
38	15	..	Colombie britannique	Capitaine F. Cookson
—38	16½	..	Colombie britannique	Major CC Ellis
37¾	15⅞	23⅜	Mexique	JAH Sécheresse
— 37¾	16¼	22½	Colombie britannique	Boucliers JO
37¼	15½	16	Colombie britannique	J. Turner-Turner
—37	16	31	Wyoming	TWH Clarke
37	16¼	..	Montana	Major Maitland Kirwan
37	16⅝	16	Colombie britannique	RH Venables Kyrke
37	15½	18½	Wyoming	Seigneur Rodney

36¾	19	15	Colombie britannique	CH Kennard
36¾	15¼	22½	Wyoming	Moreton Frewen
36½	14½	..	Wyoming	Gérald Buxton
36½	16	..	?	Thomas Baté
36½	14	..	?	JD Cobbold
36¼	14⅜	18½	?	Gérald Buxton
36	14¾	16½	Montana	RH Sawyer
36	15½	..	Alberta, Territoires du Nord-Ouest	Arnold Pike
36	14¾	16	Wyoming	Capitaine G. Dalrymple White
— 35⅞	14¾	17½	Wyoming	Comte E. Hoyos
35¾	15¼	18½	Colombie britannique	G.Wrey
35¾	13¾	17½	Colombie britannique	L'hon. S. Tollemache
35½	16	21	Colombie britannique	TP Kempson
35¼	12¼	16	Californie	Coll. de Sir Victor Brooke.
35¼	15¼	18½	Colombie britannique	Sir Peter Walker, Bart.
35	14	18½	Colombie britannique	Amiral Sir Michael Culme-

				Seymour, Bart.
—35	15	19¾	Wyoming	Comte Schiebler
35	14	16	Wyoming	Gérald Hardy
34½	14¾	19	Sud-est du Montana	JA Jameson
34½	14½	..	Californie	Médecin généraliste Fitzgerald
—34	16	17	Nord-Ouest du Wyoming	A.Rogers
34	16¼	20	Frontière de la Colombie-Britannique	Barclay Bontron
33½	15¼	..	Colombie britannique	Amiral Sir Michael Culme-Seymour, Bart.
33	15⅜	18	Colombie britannique	Capitaine EG Verschoyle
33	14¾	24½	Wyoming	Lieut.-Col. L'hon. W. Coca
33	14½	22	?	FHB Ellis
33	14	23	Colombie britannique	TP Kempson
33	15½	22	Colombie britannique	Beurre AE
32¾	15½	17½	?	CGR Lee
— 32½	14⅝	19½	Fleuve Fraser,	AE Leatham

			Colombie-Britannique	
32½	15	17½	Basse Californie	G. Barnardiston
32	15¼	19½	Colombie britannique	JW Wood, Jr.
32	14¾	17¼	Rivière Yellowstone	Musée anglais
31½	14½	17½	Territoire du Nord-Ouest	Major Algernon Heber-Percy
31	17½	..	Grand Campement, Wyo.	Frank Cooper
—31	13	22	Colombie britannique	TE Buckley
30¾	15	23	?	L'hon. Walter Rothschild
30½	15¾	environ 17½	Basse Californie	Ely Quilter
30½	15½	18	Wyoming	JL Scarlett
— 30½	14	15½	Wyoming	Hugh Peel
30	15¼	14	Alberta, Territoires du Nord-Ouest	FC Williamson

<table><tr><td colspan="5" align="center">GRANDE CORNE D'ALASKA (Ovis canadensis dalli)</td></tr></table>

34	12⅝	18⅛	Alaska	Quartier Rowland
33	12¾	15	Alaska	L'hon. Walter Rothschild

| 32½ | 13¼ | 20½ | Alaska | JT Studley, British Museum |
| ♀9⅛ | 4⅞ | 8 | Alaska | Musée anglais |

LA CHÈVRE BLANCHE ET SES VOIES

Par Owen Wister

AU-DESSUS DE LA LIGNE DE BOIS

Si vous souhaitez observer de vos propres yeux cette créature étrange et très controversée, elle se trouve (pour nommer certains de ses territoires) dans la chaîne Saw Tooth dans l'Idaho, et parmi les sommets au nord du lac Chelan, des rivières Okanogan et Methow. , tous trois dans l'État de Washington, et aussi sur de nombreuses montagnes près de la côte en Colombie-Britannique où, si vous grimpez assez haut et assez fort, vous êtes presque sûr de le trouver ; et vous seriez parfaitement sûr de le trouver dans les jardins zoologiques de Philadelphie aujourd'hui 20 avril 1903. Mais il se peut qu'au moment où vous lirez ceci, la chaleur estivale de Philadelphie y aura mis fin à son existence ; et c'est le seul endroit dans notre pays (ou dans n'importe quel pays à l'heure actuelle) où il est en captivité. De son habitat naturel et des questions intéressantes qu'il soulève, je parlerai tout à l'heure ; permettez-moi d'écarter immédiatement la question de son espèce, maintenant enfin connue sous le nom d' *Oreamnus montanus* .

Ce n'est pas du tout une chèvre. Nous en sommes arrivés à parler de lui ainsi en anglais parce que depuis de nombreuses années, c'est le nom qu'il porte là où il vit ; mais c'est une antilope, et son plus proche parent est le chamois, dont la manière tout à fait particulière de marcher ressemble beaucoup à sa propre démarche. Le chamois, je n'ai jamais chassé, mais j'ai souvent observé le mouvement singulier et truculent de la chèvre, car avec la tête baissée (on pourrait supposer pour une charge), il avance lentement et lourdement le long de ses sentiers vertigineux choisis de roche et de neige. C'est une antilope des montagnes ; et ses divers noms latins, ainsi que la confusion, à la fois populaire et scientifique, dont il fut l'objet pendant la majeure partie du XIXe siècle, sont des sujets curieux et intéressants. Il était sans aucun doute, en vérité zoologique, un émigré, ayant marché de l'Asie gelée à l'Amérique gelée à travers ce grand et vieil isthme des Aléoutiennes entre deux océans gelés, des mers adjacentes non encore fusionnées par le détroit de Behring. Par d'autres nouveaux venus, il remplaça les premiers habitants du sol, les rhinocéros américains et bien d'autres anciens habitants avec lesquels le climat avait cessé de s'accorder. Après avoir débarqué sur notre continent, plus au nord, les chèvres et les moutons se sont largement répandus ; mais la chèvre n'est ni la moitié ni le quart aussi large que le mouton. Plus on compare ces créatures semblables, plus leurs contrastes paraissent singuliers.

S'ils étaient compagnons de voyage et arrivés jumeaux, s'ils ont traversé ensemble le pont des Aléoutiennes, c'est soit parce qu'il n'y avait qu'un seul pont et que tous deux ont dû l'emprunter, soit ils se sont brouillés en chemin et sont arrivés ici pas en un seul instant. Termes parlants. La première hypothèse est celle vers laquelle je penche : ils ont dû emprunter le même sentier car il n'y en avait qu'un. Les moutons et les chèvres ne me semblent pas vivre en bons termes. Je ne me risquerais pas à faire cette observation si elle était basée uniquement sur ma propre expérience individuelle. Ce que mes campings m'ont fait remarquer peu à peu, c'est ceci : on ne trouve pas des moutons et des chèvres sur la même colline comme on trouve des élans et des cerfs dans le même bois. Considérant que les deux animaux aiment les endroits escarpés, comme les rochers, comme les rochers très hauts ; et aussi que leurs habitats respectifs coïncident dans certaines régions, — en Colombie-Britannique, par exemple, et dans l'État de Washington, et, je pense que l'on pourrait justement ajouter, dans l'Idaho — je n'ose en aucun cas affirmer de manière catégorique que les moutons et les chèvres ont jamais été trouvé, ou ne sera jamais trouvé, fréquentant le même pâturage ; Je ne le sais pas, et nous savons tous que les négatifs sont difficiles à prouver. Mais j'ai campé en hauteur dans l'État de Washington, avec des chèvres à profusion tout autour, et le pays tout entier ressemblant exactement à un pays de moutons, sans jamais voir le signe d'un mouton nulle part. Les gens disaient : « Il y a beaucoup de moutons là-bas » et ils montraient des hauteurs clairement visibles. Et ensuite, des gens arrivèrent d'à peine trente milles de distance, après avoir vu et tué des moutons. C'était la même latitude, la même altitude, la même saison, la même chose. Que faut-il en tirer ? Que c'était une année accidentelle, et qu'elle s'est produite ainsi pendant les quelques semaines où j'étais là-bas ? C'est la conclusion que vous pourriez tirer, comme je l'ai fait alors ; et vous auriez tort, comme moi alors. Car j'y suis retourné six ans plus tard, et c'était toujours le cas, et cela avait été le cas entre-temps, sauf que les chèvres, les moutons et tous les animaux sauvages, quel que soit le lieu où se trouvait leur demeure choisie, étaient devenus de plus en plus rares et plus timides, et se rapprochaient de ce point. l'extinction à laquelle nous nous occupons de toutes les choses impuissantes qui ne contribuent pas à notre propre confort et à notre survie. Durant ces années-là, j'avais chassé le mouton dans un pays qui, aux yeux de tous, semblait prêt à accueillir une chèvre au coin de la rue à tout moment. Mais aucune chèvre ne l'a jamais fait ; et pourtant, si j'avais descendu ces montagnes et parcouru un espace de plaines à l'ouest, et gravi les toutes premières montagnes que j'aurais alors rencontrées, il y aurait alors eu toutes les chèvres que je voulais, et non (on m'a dit) un seul mouton !

En réfléchissant à ces choses, j'ai commencé à me demander si un certain type de nourriture (puisque le climat ne pouvait absolument pas l'être) était la cause de cet afflux. Y avait-il, par hasard, une petite herbe qu'une chèvre devait avoir et qu'un mouton n'aimait pas ? Eh bien, s'il en est ainsi, aucun botaniste ne m'a encore donné son nom ; tandis que d'un autre côté, très récemment, j'ai eu des nouvelles d'un chasseur qui chassait dans quelques montagnes de la Colombie-Britannique où l'on trouvait facilement des moutons et des chèvres, et dont l'expérience était comme la mienne, mais plus marquée et plus significative. Il s'était tenu sur une montagne où se trouvaient des chèvres et avait regardé vers une montagne adjacente où il pouvait clairement voir des moutons. Or, sur sa montagne, il n'y avait pas une seule brebis ; il doit aller vers l'autre pour eux ; mais là-bas, il ne doit s'attendre à aucune chèvre. Il le trouva ainsi, et on lui assura qu'il en était toujours ainsi : les animaux ne semblaient pas s'introduire dans les locaux des autres.

Ces quelques faits que j'ai rassemblés ici me semblent dignes d'être rapportés, et peut-être suffisants pour justifier une présomption ; mais insuffisant pour une affirmation. Jusqu'à ce que d'autres aient ajouté de leur côté des observations similaires, je n'établirais aucune règle selon laquelle une hostilité chronique sépare *Ovis* et *Oreamnus* . Peut-être qu'une telle règle a été établie, mais si elle est imprimée quelque part, je ne l'ai pas rencontrée ; je n'ai pas non plus eu la chance (après avoir consulté les livres) de rencontrer des récits de chèvre qui s'ajoutent essentiellement à ce qui a déjà été dit par Audubon ; et c'est un peu maigre. Il existe de nombreuses photos, bien meilleures que ses planches à l'ancienne, mais les informations complémentaires sont exceptionnellement rares. Même les autorités les plus récentes et les plus officielles, lorsque vous testez leurs pages par une recherche intime d'une information complète et précise, ne vous donnent pas cette information.

Si ma supposition est vraie et que les moutons et les chèvres ont tendance à entretenir des relations tendues, je pense que nous pouvons être sûrs lequel des deux a réglé l'affaire. Je risque de supposer qu'en combat singulier, la chèvre pouvait ruiner le mouton avant que le mouton ne soit pleinement conscient de ce qui lui était arrivé. Les chasseurs peuvent imaginer une telle rencontre, qui serait probablement brève mais grandiose. Le vieux mouton vaillant se levait, visait, se précipitait à l'attaque et sautait en l'air, s'attendant à heurter son front et ses cornes enroulées contre le visage et les cornes de la chèvre. Mais la chèvre... ah ! ce n'est pas la voie de la chèvre. Cela serait arrivé si vite qu'on ne s'en rendait pas compte ; mais là, le pauvre bélier gisait, éventré. La chèvre ne fait rien de plus pittoresque et peu pratique que de sauter en l'air. Il baisse sa tête maussade, d'un seul coup astucieux avec ses cornes acérées et mortelles, et l'affaire est expédiée. Et la chèvre en a l'air aussi. Son apparence suggère immédiatement qu'il vaut mieux faire attention à lui si vous êtes un bélier avec de belles cornes inutiles, c'est-à-dire inutiles contre tout appareil tel que celui que porte la chèvre. Un jour, j'observais un bon spécimen de Billy- *Oreamnus* . La nounou, moins visible, dormait à l'ombre sur un terrain plat. Mais le Billy était assis penché au sommet d'une pyramide de rochers. C'est dans les jardins zoologiques de Philadelphie que ce couple, emmené en captivité en 1901, a grandi et prospéré, mais ne s'est pas reproduit. Le Billy montre sa nature redoutable ; aucun étranger ne peut l'approcher ; il les éventrerait en un tournemain ; même son gardien doit se méfier. Au sommet de son tas de pierres était assis le captif, voûté, comme je l'ai dit, et truculent et baissé, malgré son immobilité. Son œil avait ce regard qui demeure si merveilleusement chez les animaux sauvages, prisonniers des grands espaces naturels libres qui leur appartiennent, dont le droit de naissance est une liberté non pas de la taille d'un moineau et d'un rouge-gorge, mais d'une liberté colossale, à la portée du primat. un monde où il n'y a pas de clôtures ni de statuts. Notre intelligence délicieusement conventionnelle connaît ce regard du lion et de l'aigle parce que les poètes l'ont attiré notre attention, en ont dit de jolies choses ; mais si vous avez le don inhabituel de faire vos propres observations, vous le trouverez chez beaucoup d'autres animaux, y compris certains types d'hommes. Quant à cette chèvre, aucune chèvre assise sur un rocher à Harlem ne pouvait le regarder comme lui ; il aurait pu être assis au sommet des montagnes des Cascades, surveillant d'immenses golfes et (peut-être) méditant à quel point il serait préférable d'éventrer un bélier.

Alors que je le regardais, une pensée étrange m'est revenue : à quel point il avait l'air asiatique, pour une raison obscure ! Je me souviens avoir pensé la même chose lorsque j'avais abattu ma première chèvre onze ans auparavant. Asiatique? Oui; et je ne peux pas du tout expliquer pourquoi, à moins que l'on ait vu des images d'animaux originaires de quelque part comme le Tibet et qui ressemblent quelque peu à l' *Oreamnus* . Je sais qu'aucun autre gros gibier occidental ne me frappe de cette manière ; buffles, wapitis, cerfs, antilopes, moutons, tout cela m'a toujours semblé indigène, appartenant à notre sol nord-américain. Mais cette chèvre est une figure que je suis surpris de rencontrer parmi les repaires de ma propre langue ; son idiome devrait être le mongol !

Il est blanc, tout blanc et hirsute, et deux fois plus gros que n'importe quelle chèvre que vous ayez jamais vue. Ses cheveux blancs retombent longuement sur lui, comme ceux d'un chien Spitz ou d'un chat Angora ; mais il est raide et grossier, non soyeux, et sur sa masse blanche et hirsute, la noirceur de ses sabots, de ses cornes et de son nez paraît particulièrement noire. Ses jambes sont épaisses, son cou est épais, tout en lui est épais, à l'exception de ses fines cornes noires. Ils mesurent généralement environ six pouces de long, ils s'écartent très légèrement et se courbent légèrement vers l'arrière. À leur base, ils sont un peu rugueux, mais à mesure qu'ils s'élèvent, ils se lissent cylindriquement et se rétrécissent jusqu'à former une pointe laide. Ses sabots sont lourds, larges et pointus. La trace qu'ils font est immense, et précisément à l'inverse de celle des moutons ; c'est un V majuscule, pointant vers l'arrière. Le chemin des moutons est également un V, mais pointant vers l'avant. À en juger par ses sabots d'apparence maladroite et ses pattes épaisses et apparemment lourdes, il semblerait que cette chèvre ferait mieux de garder son niveau, comme s'il pouvait rarement monter deux marches même d'un porche sans accident ; un ensemble de jambes et de sabots pourrait difficilement être considéré comme apparemment moins utile pour un alpiniste. C'est du moins ce que je devrais argumenter, en rappelant les différents appareils pointus dont nous avons nous-mêmes besoin. On ne voit pas comment ces animaux lourds peuvent bondir et s'accrocher. Mais permettez-moi de transcrire sans correction quelques phrases de mon journal de chasse de novembre 1892, rédigées avec désinvolture après une journée de poursuite de la chèvre.

« Ils… ont choisi des endroits pour se coucher où tomber était la chose la plus facile à faire…. Les pistes individuelles que nous avons parcourues choisissent toujours le plan incliné où ils ont le choix entre cela et le niveau.… Je suppose que ces animaux doivent parfois tomber. , bien qu'ils aient un talon de corne saillant sur leur sabot qui est merveilleusement adapté à leurs habitudes verticales. Mais s'ils tombent, cela les amuse probablement. Leurs poils sont d'une épaisseur plus impénétrable que tous ceux que j'ai vus, et en dessous se trouve la peau plus épaisse que celle d'un buffle. S'ils jouent ensemble, c'est probablement pour se pousser dans un précipice, et la chèvre qui met le plus de temps à remonter perd la partie.

Vous pouvez voir à travers ces lignes quelle vague de ressentiment coule entre eux. Je me souviens très bien de cette journée difficile mais réussie ; et il a fourni quelques faits sur la taille, le poids, etc., qui ont tous été enregistrés sur place, et qui donnent de bons détails bien à connaître.

Pour commencer, il y a ce « talon de corne qui dépasse » jusqu'au sabot de la chèvre. Nous ne pouvons pas imaginer comment il parvient à faire en sorte qu'une chose aussi légère (pas plus d'un quart de pouce) absorbe son poids. Il pèse entre cent quatre-vingts et trois cents livres. Ce jour-là, au sommet des Cascades, je n'avais aucun moyen de déterminer le poids du mâle que j'avais tué, mais il représentait une charge très lourde à déplacer pour deux d'entre nous. Sa peau (pas les cheveux mais le cuir) sur sa croupe était aussi épaisse que la semelle de ma botte. Ma botte était faite pour escalader les montagnes, et la semelle était remplie de clous ; la peau était aussi épaisse qu'une telle semelle, et lorsqu'elle était mise en balance avec des objets du camp dont nous connaissions le poids, comme des sacs de farine et de sucre, elle pesait à elle seule trente livres ! Nous emportâmes chez nous, à côté de la tête et de la peau, la toile de suif, qui mesurait trois quarts de pouce d'épaisseur. Les chasseurs sauront à quel point cela signifie une offre abondante chez des animaux beaucoup plus gros que la chèvre. Ce spécimen était, me dit mon guide le plus sympathique, de bonne taille mais pas de taille suprême. Nous n'avons rien ramené de viande à la maison. La chair de la chèvre adulte ne peut pas être mangée avec beaucoup de plaisir ; mais plus tard, pour avoir un ensemble complet de spécimens, j'ai abattu un chevreau ; et nous en avons mangé la chair avec entière satisfaction pour notre dîner de Thanksgiving. Et cela m'amène au point suivant.

"Ces chèvres sauvages", dit mon journal, "sont deux fois plus grandes et plus grandes que les chèvres ordinaires, et si leur peau restait propre et blanche comme elle l'est naturellement, elles seraient un animal d'apparence splendide."

Ceci a été écrit deux semaines avant que je puisse en examiner un qui était en réalité blanc comme neige ; et dernièrement, en parcourant les livres pour trouver ce qu'ils ont à dire qui pourrait compléter mes connaissances imparfaites, je suis arrivé plus d'une fois à l'affirmation que la chèvre n'est

pas d'un blanc pur, mais qu'elle a une teinte de jaune, ou une certaine nuance.
, ici et là, cela ternit son éclat total. Je considère que c'est une erreur. L'âge, il
est possible, peut apporter quelques poils foncés à la chèvre blanche. Mais je
voudrais en être très sûr avant de l'affirmer. Le résumé de mon expérience
est que j'ai d'abord tué quelques boucs manifestement vieux (ils étaient partis
seuls, et non plus avec le troupeau), et parmi eux, le pelage était crasseux ;
que bientôt j'ai trouvé un bouc manifestement plus jeune (il était plus léger
et ses cornes et ses sabots étaient moins usés) et son pelage était impeccable
; et que finalement j'ai trouvé le pelage d'un chevreau né cette même année
tout aussi impeccable. Quelle est l'inférence – presque la conclusion ? N'est-
ce pas que chez les chèvres plus âgées, la couleur était une décoloration, due
à des causes extérieures ; que par nature la chèvre est parfaitement blanche ;
et que les livres ont continué à reproduire une erreur originale qui est née du
fait qu'un écrivain n'avait vu que des chèvres tachées par les intempéries ?
Oh, la reproduction de l'erreur ! La façon dont la déclaration inexacte d'un
homme est doucement copiée par l'autre, et la vérification est évitée à chaque
instant ! Pourquoi font-ils cela, ces petits scientifiques ? Car les grands ne le
font jamais. Les grands vérifient, ou bien, lorsqu'ils arrivent à un trou dans
leur savoir, ils vous disent franchement qu'ils ne savent pas. Ils ne collent
aucun morceau de papier sur le trou, prétendant que tout est solide en
dessous. Mais les menus fretins – le format populaire des magazines – sont
sans cesse du papier collant. Et pourquoi? Parce qu'ils n'ont pas peur d'être
découverts. Ils savent combien peu de leurs lecteurs peuvent découvrir les
trous et passer leurs doigts dans le papier. Vous ne me croyez pas, lecteur ?
Votre bon cœur rejette-t-il avec chaleur cette calomnie ? Peut-être, par
exemple, ne savez-vous pas comment certains petits écrivains continuent de
dériver le nom d'un poisson bien connu du Saint-Laurent de deux mots
français, *masque allongée* . Je vous en parlerais bien, mais je n'ai pas découvert
moi-même leur ridicule bévue ; mais voici un trou où j'ai passé mon propre
doigt à travers le papier. Pendant dix ans, j'ai utilisé toutes les cartes officielles
du Wyoming que je pouvais me procurer. C'était d'abord un territoire, puis
un État, mais pendant tout ce temps, les cartographes ont continué à dessiner
Pacific Creek comme se jetant dans Buffalo Fork. Aujourd'hui, Pacific Creek
est une voie de communication entre les deux rives de la Continental Divide,
et elle ne se jette pas dans Buffalo Fork, mais dans Snake River. C'était une
très grave erreur géographique. Un cartographe original avait tracé sa carte
sur la base de ouï-dire ou de conjectures, n'était pas descendu le ruisseau pour
voir par lui-même, et tous ses successeurs ont fidèlement reproduit son
ignorance. Les gens qui savaient mieux étaient que des Indiens, des
prospecteurs, des cow-boys ou des chasseurs errants comme moi. Nous
n'avons pas compté ; *cela* n'a pas été découvert !

Pacific Creek ayant tort avec certitude, qu'en est-il alors d'Atlantic Creek, de
Thoroughfare et de bien d'autres encore ? Ces flux circulaient-ils également

dans un sens officiel, et en réalité dans un autre ? Comment pourrais-je en être sûr avant d'avoir traversé des montagnes et de les avoir trouvées par moi-même ? Et comment devriez-vous, lecteur, aimer être condamné à de telles cartes dans un pays où prédominaient les Indiens, les ours et les blizzards ? Vous ne vous étonnerez guère que j'aie commencé à accorder à ces cartes la même confiance modérée que j'accorde aujourd'hui aux livres qui me disent que la chèvre n'est pas strictement blanche ou qu'elle vit dans les montagnes Rocheuses. Vous pourriez parcourir des centaines de kilomètres de montagnes Rocheuses qui n'ont jamais vu de chèvre, mais que les moutons fréquentent depuis bien avant la mémoire de l'homme. Ici encore apparaît le contraste entre les deux : étant venus du Kamtchatka par la même route, leurs aires de répartition sur ce continent ne coïncident que partiellement, et même là où les deux animaux sont établis et prospèrent dans la même zone, leurs localités à l'intérieur de cette zone sont si capricieusement séparées qu'elles sont séparées. pour contrecarrer même l'explication selon laquelle l'un chasse l'autre.

Il semblerait qu'ils supportent le même froid ; tous deux se trouvent en Alaska, comme on pouvait s'y attendre d'après la manière dont ils ont émigrant. Et en commençant par l'Alaska (une autorité, R. Lydekker, « The Royal Natural History », Londres, 1898, la meilleure autorité que j'ai trouvée pour sa cohérence et son exhaustivité, nomme la latitude 64° comme limite nord), nous trouvons des chèvres et des moutons. abondamment distribué à mesure que nous arrivons vers le sud. Mais seulement sur une certaine distance. Si le Nord-Ouest est clair comme une image dans votre esprit, vous pouvez vous rappeler comment, dans l'extrême Nord, les Cascades et les Rocheuses sont entremêlées et comment, à mesure que nous descendons à travers la Colombie-Britannique jusqu'à notre propre sol, elles se séparent graduellement, s'écartent en pente, de sorte qu'au moment où ils atteignent la latitude de Portland, dans l'Oregon, un vaste domaine plat s'étend entre eux. Les deux ont incliné vers l'intérieur des terres ; mais tandis que les Cascades ne sont qu'à environ cent soixante milles de la côte du Pacifique, les Rocheuses se trouvent au loin dans l'Idaho et le Montana, et continuent de diverger jusqu'à s'enfoncer parmi les sables chauds du mesquite et du yucca. Aujourd'hui, en Arizona, dans le Colorado Cañon par exemple, nous trouvons toujours le mouton, et nous pouvons le trouver encore plus bas, dans le nord-ouest du Mexique. Mais aucune chèvre n'est si loin au sud. La chèvre s'arrête à plus de mille milles au nord. Il semble donc clair que la chèvre et le mouton vivront dans le même froid, mais pas dans la même chaleur.

Où exactement la chèvre s'arrête-t-elle ? C'est quelque chose qu'aucun livre (que j'ai vu) ne vous dira. Le livre de Londres, que j'ai déjà cité, désigne la latitude 40° comme limite sud de son habitat. C'est considérablement plus au sud que je n'ai jamais entendu parler de lui. Ma connaissance de lui ne va pas plus au sud que la chaîne Saw Tooth, qui se trouve dans l'Idaho. Ces crêtes acérées alimentent les eaux d'amont de la rivière Salmon et se trouvent dans la partie centre-sud de l'État. Et j'ai tendance à dire, malgré M. Lydekker, mais soutenu par M. Arthur Brown, que la région de Saw Tooth et de Salmon River, dans l'Idaho, se trouve à peu près à l'angle sud-est de la province des chèvres. Sauvant les individus errants et accidentels, vous ne risquez pas de le retrouver au-delà de ce point, au sud ou à l'est. Je n'ai jamais parlé avec aucun chasseur qui l'avait vu dans le Wyoming, même si (et là encore je renforcerai ma propre expérience avec celle de M. Brown) il semble y avoir une sorte de tradition caprine dans le Wyoming, ici et là. Ce mythe est certes hautement sublimé. Vous n'entendez pas dire qu'une chèvre se trouvait sur telle ou telle montagne précise, ou qu'un tel a vu un homme qui a vu une chèvre, ou dont la femme ou l'oncle en a vu une ; cela ne vous approche jamais autant que cela ; Pourtant, encore vaguement dans l'air de la Continental Divide, plane cette vague rumeur sur l'animal.

S'il a jamais été dans le Wyoming en tant que résident domicilié, qui dira pourquoi il est parti ? Pourquoi n'est-il pas aujourd'hui sur la Washakie Needle, ou dans la région abrupte où se dirige la rivière Green, ou parmi les redoutables Tetons, puisqu'aujourd'hui il n'est qu'un peu plus à l'ouest des Tetons, dans la chaîne Saw Tooth ? Et pourquoi, si l'homme (ou le mouton) l'a chassé de ces sommets du Wyoming, n'a-t-il pas été chassé des sommets de l'Idaho ? Ni la différence de chaleur, ni le froid, ni l'humidité, ni l'accessibilité ne peuvent en être l'explication, car il n'y a pas de différence ; et quant à la différence dans la nourriture, je n'en trouve aucune suggestion dans les pages des autorités.

« Ce qu'ils mangent en hiver est un mystère. Mais ce doivent être les petits boutons de mousse qui poussent au bord des rochers abrupts du sommet, là où la neige ne peut pas s'étendre. Ils ne descendent jamais dans les vallées, comme le font les mouflons lorsque la neige s'accumule profondément au-dessus.

Ceci n'est pas une autorité, mais encore une fois simplement mon carnet de camp ; et l'affirmation selon laquelle la chèvre n'est jamais, comme le mouton, poussée vers les bas pâturages par la neige n'est que le récit populaire de lui que j'ai pu recueillir auprès des habitants - les prospecteurs, les trappeurs - des montagnes où je le chassais. . Pourtant c'est intéressant ; et si cela est généralement vrai, cela peut fournir un indice sur les séparations locales capricieuses entre les moutons et les chèvres dans la zone de leur habitat commun. Mais si la chèvre ne peut pas, lorsque le temps l'abat, subsister sur les croissances moins élevées qui satisfont alors le mouton, vous remarquerez à quel point cette discrimination étroite quant au régime alimentaire est vraiment différente de la vraie chèvre.

Il est en effet surprenant qu'à cette époque tardive, alors que l'enquête et la vérification sont si faciles, aucun naturaliste ne semble avoir écrit un paragraphe clair et complet répondant à la question claire et naturelle : dans quels États et territoires vit la chèvre blanche ? Il semblerait que ce soit l'affaire du naturaliste de nous dire cela. Nous sommes en droit de nous attendre à ouvrir un livre standard et à trouver immédiatement de tels faits. Eh bien, j'en ai dû en ouvrir huit, rassemblant ici et là un fait d'une manière qui n'est pas sans rappeler le processus douloureux du chiffonnage. Le résultat est loin de couvrir le terrain ; permettez-moi de le reconnaître et de demander une correction et une amplification amicales, et permettez-moi de dire néanmoins que ce qui suit est l'information la plus détaillée que l'on ait trouvée jusqu'à présent en un seul endroit.

En Alaska et en Colombie-Britannique, nous trouvons la chèvre, dans le nord-ouest du Montana et en Idaho, mais seulement par endroits ; il se trouve également dans les Cascades du nord de l'État de Washington, mais, curieusement, il semble qu'il ne se trouve pas dans la chaîne olympique. Il n'est pas non plus dans le sud des Cascades, dans l'Oregon. Il n'est pas présent ailleurs, sauf peut-être en Californie. Il existe une ancienne légende le concernant parmi les plus hautes montagnes de cet État ; le Padre espagnol de Salvatierra et son compagnon missionnaire, Padre Piccolo, sont censés l'avoir vu. Nous devons inutilement nous demander s'ils l'ont fait ; et j'aurais dû être davantage redevable d'une note de bas de page dans le « Biological Survey of Mount Shasta », qui aborde l'habitat de la chèvre dans l'Oregon et l'État de Washington, si elle n'était pas totalement silencieuse quant à la présence ou à l'absence de l'animal, passée ou présente. dans l'état de Californie.

Plus nous suivons l'histoire de la chèvre blanche, plus nous trouvons ses pas accompagnés de brumes de confusion ; et pour le critique sombre, ce serait le moment opportun d'écrire quelques phrases sur la longévité de l'erreur. Mais tout s'est bien passé à la fin ; et nous aborderons immédiatement les faits et comment j'ai commencé à rencontrer le courant d'incertitude dont la source se trouve dans les vieilles pages romantiques de Lewis et Clark.

Il y a quelque temps, j'ai parlé d'une tradition caprine dans le Wyoming. Ce n'est qu'à l'automne 1889 que j'ai cru que cette chèvre existait quelque part. Je pensais – je ne pouvais alors dire pourquoi – que les montagnards et les hommes des plaines illettrés dont j'entendais parler parlaient des moutons ; et aussi ils se contredisaient d'une manière si curieuse et si persistante que l'animal devenait pour moi d'une manière fabuleuse, comme la licorne ou le cheval à laine. Maintenant, j'avais l'assurance que « là-bas quelque part », parmi les montagnes proches du Pacifique, vivait une chèvre blanche comme neige, aux cheveux longs ; encore une fois, je rencontrerais un déni positif à ce sujet. Un vieux trappeur ou prospecteur sceptique proclamerait qu'il «

devinait qu'il avait été presque partout », et personne ne pouvait « le tromper au sujet d'une chèvre » aux cheveux longs. En effet, lorsque j'ai enfin déposé mes propres trophées de chèvre, têtes et peaux, devant les yeux de mon vieil ami John Yancey du parc de Yellowstone, ils lui ont fait une véritable sensation. Il avait perdu peu de confiance dans les histoires de chèvre. Il les regardait, il les touchait, il les soulevait, il n'en revenait pas ; ils m'ont fait élever dans son estime, et il a refusé de croire que contourner un mouton de montagne soit un exploit bien plus habile. Lui aussi, comme moi, avait supposé que d'une certaine manière cette notion de chèvre pouvait être attribuée aux moutons de montagne et qu'ils étaient un seul et même animal. J'ai trouvé que cette erreur se propageait vers l'est jusqu'aux grandes villes.

LA CHÈVRE BLANCHE EST UN GRIMPEUR AGILE

Dans le hall d'entrée d'un certain club, on pendait autrefois, et on le sait encore, à ce que je sache, la tête d'une chèvre blanche. Je me tenais près d'elle un jour de 1894 ou 1895, pendant que deux messieurs la regardaient. L'un avait chassé dans notre Ouest et l'autre lui demanda de quel animal il s'agissait. Il répondit avec certitude : « Un mouton de montagne ». Cela ne me regardait pas et je ne l'ai pas corrigé. Mais comme la confusion était invétérée et singulière ! car ces deux animaux sauvages ne se ressemblent pas plus que leurs homonymes domestiques. Ce jour-là, dans la salle du club, je ne savais pas que, quatre-vingt-dix ans auparavant, la même erreur avait été commise et écrite pour la première fois, et que nous en héritions encore des conséquences.

Le 26 septembre 1805, Meriwether Lewis, gravement malade, campait avec ses camarades également gravement malades dans le but de construire des canots. Ils se trouvaient au confluent de la fourche nord avec le cours principal de cette rivière que l'Idaho appelle aujourd'hui le plus souvent Clearwater, et que les Indiens appelaient alors Kooskooskee. Ils avaient parcouru un long chemin – deux mille milles – à pied et à cheval. Ils étaient naguère en hauteur parmi les neiges froides, et ils étaient maintenant brusquement plongés dans le climat plat des plaines. La chaleur et la nourriture abondante et nouvelle rendaient malade tous les fils de leurs mères. Mais quelques jours auparavant, ils servaient avec parcimonie des rations de chair de cheval pour maintenir ensemble l'âme et le corps ; maintenant les Indiens leur ont donné tout le saumon qu'ils pouvaient avaler et leur ont appris à manger le camass, un légume précaire. Dans les termes du docteur Coues (l'admirable annotateur de l'édition de 1894, on ne peut guère imaginer une œuvre meilleure et plus honnête) : « N'ayant été ni gelé ni complètement mort de faim, ayant survécu aux racines de camass, au tartre émétique et aux pilules de Rush. (le célèbre Dr Rush de Philadelphie,) les explorateurs ont atteint les eaux navigables de la Colombie… » Je pourrais citer ce livre splendide pour toujours. C'est notre Robinson Crusoé américain. Quelqu'un, sans aucun doute, en fera un roman historique ; mais aucun roman, aussi important soit-il, ne peut gâcher le journal de Lewis et Clark. Eh bien, dans ce camp de malades, pendant qu'ils se préparent à flotter vers Astoria, entrez la chèvre blanche. C'est sa première apparition enregistrée.

Gass dit : « Il semble y avoir une sorte de mouton dans ce pays, outre le bouquetin ou le mouton de montagne, et qui a de la laine. J'ai vu certaines des peaux que possédaient les indigènes, avec de la laine longue de quatre pouces et aussi fine, blanche et douce que toutes celles que j'avais jamais vues.

Ici, vous le percevez, c'est l'erreur qui apparaît en même temps que la chèvre.

Ces moutons « vivent », dit le texte ailleurs, « en plus grand nombre sur cette chaîne de montagnes qui forme le début de la région boisée sur la côte et qui passe le Columbia entre les chutes et les rapides ». Précis dans tout sauf le nom.

Vient ensuite l'observation (William Dunbar et Dr Hunter) écrite sur le fleuve Columbia près des Dalles : « Nous avons vu ici la peau d'un mouton de montagne, qui, dit-on, vit parmi les rochers des montagnes ; la peau était couverte de poils blancs ; la laine était longue, épaisse et grossière, avec des poils longs et grossiers sur le dessus du cou et sur le dos, ressemblant un peu aux poils d'une chèvre.

Cette fois, voyez-vous, ils sont sur le point de mettre les choses au clair. Mais non; ils reculent à nouveau, après ce qui suit qui semble promettre un éclaircissement complet :

« Un Canadien, qui avait beaucoup fréquenté les Indiens à l'ouest, parle d'un animal à laine plus gros qu'un mouton, la laine très mélangée à des poils, qu'il avait vu en grands troupeaux. »

Le 10 avril 1806, le groupe reprend le chemin du retour. Il a hiverné avec succès sur la côte et a maintenant remonté le Columbia, à cinquante milles au-dessus de Vancouver.

« Pendant que nous déjeunions, un des Indiens nous proposa à vendre deux peaux de mouton ; … le second était plus petit… avec les cornes restantes…. Les cornes de l'animal étaient noires, lisses et dressées ; ils s'élèvent du milieu du front, un peu au-dessus des yeux, sous une forme cylindrique, jusqu'à la hauteur de quatre pouces, là où ils sont pointus.

Ici, il n'y a pas d'erreur sur l'erreur ; il décrit une chèvre et l'appelle un mouton. La raison pour laquelle il devait faire cela alors qu'il avait constamment vu le mouflon d'Amérique au cours de son voyage dans le Missouri peut peut-être s'expliquer ainsi : Il dit qu'il ne pensait pas que le mouflon d'Amérique ressemblait beaucoup à un mouton, et donc, peut-être, la chèvre ne l'a pas frappé comme un peu comme une chèvre ; nous savons que c'est une antilope. Mais quelle que soit la manière dont on rend compte de ce mélange original de noms, il est facile de percevoir à quel point le mélange a bien commencé ; et après avoir lu le texte de l'ancienne confusion, n'est-il pas étrange et intéressant de la retracer à travers les années, en passant par Yancey, jusqu'au hall d'entrée du club ? le trouver parmi toutes sortes et toutes conditions d'hommes, tantôt dans une ville, tantôt au sommet des montagnes de Wind River, là où cela me rendait perplexe ?

Et ce n'est là que le côté populaire ; les érudits sont tout aussi mélangés que Yancey. Le côté scientifique de l'histoire apparaît de manière pittoresque à travers la dynastie des noms latins successivement prodigués à la chèvre.

Le pays dans son ensemble a entendu parler de la chèvre pour la première fois en 1806, lorsque Thomas Jefferson a accompagné son message au Congrès sur l'exploration de Lewis et Clark de divers documents, parmi lesquels les observations de William Dunbar et du Dr Hunter. Neuf ans plus tard, l'éminent George Ord donna à l'animal son premier baptême académique, et il apparaissait sous le nom d' *Ovis montana* . Bientôt M. de Blainville semble l'avoir appelé *Antilope americana* et *Rupicapra americana* . En 1817, il était connu sous le nom de *Mazama Sericea* , ce qui fait partie de la famille. Quatre ans de plus, et il n'est plus qu'un simple mouton des Rocheuses. Suivent ensuite *Capra montana* , *Antilope lanigera* , *Capra Americana* et *Haplocerus montanus* . Ce dernier commençait à paraître permanent, lorsqu'on découvrit que quelqu'un avait depuis quelque temps donné à la chèvre une appellation bien conçue, à savoir *Oreamnus montanus* . Il s'en tient à cela maintenant ; et on peut douter qu'un voleur ait plus fréquemment employé un pseudonyme que cet animal probablement irréprochable. Telle est l'histoire de la confusion commencée – on ne peut que deviner pourquoi – par Lewis et Clark, et qui ne s'est éclaircie que de nos jours.

La chèvre est un animal bien moins méfiant que le mouton. Sa surveillance est concentrée sur les approches par le bas. Tout ce que le chasseur a à faire est de passer au-dessus de lui, de se diriger immédiatement vers le sommet de la crête qu'il se propose de chasser, et la créature sans méfiance ne vous accordera jamais une pensée. Ma parole, il est inexcusable de le tuer, sauf pour un spécimen d'une collection ; il est si beau, si inoffensif et si stupide ! Et dans ses lieux les plus reculés, où la nature de l'homme est encore pour lui un livre fermé, il « ne pense pas au mal » ; il regardera le chasseur avec un intérêt posé pour ses grands yeux marron foncé. Le sportif aux pieds tendres, semble-t-il, fera généralement ses débuts comme maniaque. Soudain confronté à un troupeau d'animaux sauvages, il actionne frénétiquement son fusil à répétition, hypnotisé par la surabondance de destruction. Heureusement, il est susceptible, dans son enthousiasme, de rater son coup. Son désir n'est pas un trophée spécial, mais une tuerie chaude de tous ceux qui sont en vue. Si nous ne devons pas lui reprocher cette poussée d'instinct brutal et aveugle, pour l'amour du ciel, n'en vantons pas la performance ! Le mieux qu'on puisse en dire est de l'appeler le côté sordide de la masculinité ; et le côté sordide de la masculinité va comme un gant à la lâcheté. Je parle du banc des pécheurs ; et il y a longtemps (pas si longtemps matériellement, mais des kilomètres et des kilomètres dans tous les autres sens), je vois un ou deux points de honte. Aujourd'hui, mon souhait est de photographier le gibier, et de le laisser suivre son chemin en toute tranquillité.

Avec mon fusil, je portais un kodak parmi les chèvres. Le Kodak et le fusil formaient de temps en temps une paire inconfortable. Par exemple:-

« *Samedi douze* (novembre) quatre heures et demie de montée sur la crête opposée, de manière à dépasser la chèvre vue hier. Neige de six à huit pouces d'épaisseur au sommet. C'était un jour où je portais les deux instruments, et les rochers nécessitaient continuellement l'utilisation des deux mains. Eh bien, j'ai eu la chèvre que je voulais avec mon fusil. J'ai ramené le Kodak chez moi avec cent photos de mon très long, dur et intéressant voyage. C'était l'année où les films de la société étaient mauvais, et j'ai fait cent blancs ; il n'y avait pas l'apparence d'une image sur une seule. Le même malheur avait eu lieu lors de l'expédition Greely, et je n'avais pas voyagé aussi loin qu'eux ; vous voyez donc que ma bouche ne doit pas se plaindre. Non; mon kilométrage était inférieur à celui de l'expédition Greely ; mais aucune chèvre ne me tentera plus jamais par de telles aventures. Hélas, qu'un homme doive en venir à reculer devant des inconforts qui autrefois... mais laissez-moi vous parler de certains d'entre eux.

Comme on ne m'y a montré que de la bonne camaraderie et de la gentillesse, je supprime le nom de la ville située à l'extrémité de la voie ferrée où j'ai attendu du samedi au lundi l'étape en direction du nord. C'était le samedi 9 octobre, me rappelle mon journal.

«Ils m'ont donné une chambre... J'étais content d'en voir le moins possible. Je me lavais dans l'abreuvoir et le bassin publics qui se trouvaient dans le bureau entre le salon et la salle à manger ; et je passais mon temps soit au salon à regarder une partie de poker qui ne s'arrêtait jamais, soit à errer dans le monde extérieur. Un Chinois nommé Madden... jouait au poker et, bien sûr, perdait contre ses amis américains... jurant dans le jargon le plus ridicule... Pourtant, il était de bonne humeur... les hommes semblaient l'apprécier... la nuit, il retournait au jeu sans fin et perdait. encore un peu... Je suis allé me coucher dans ma chambre, j'ai baissé les draps et j'y ai vu, non pas ce que je craignais, mais des cafards au nombre de plusieurs milliers, je pense. Ils trottinaient frénétiquement, se bousculant comme n'importe quelle autre foule. Ensuite, j'ai soulevé un oreiller et j'ai regardé d'autres cafards se précipiter sous l'oreiller voisin pour s'abriter. Puis j'ai vu que les murs, le plafond et le sol étaient tous frémissants et scintillants de cafards. Alors j'en ai parlé au propriétaire en bas. J'ai dit que s'il n'avait pas d'autre chambre, je jetterais mes couvertures de camp sur la table du bureau et j'y dormirais s'il n'y avait pas d'objection. Il s'est montré sympathique et m'a expliqué que les cafards devaient venir de la cuisine qui se trouvait en dessous de ma chambre. C'était samedi soir, et chaque samedi soir, le cuisinier mettait de la poudre dans la cuisine ; donc ça a dû les faire monter. Cette explication m'a été donnée d'une voix pleine de condoléances. Et j'ai répondu que c'était très probablement ainsi qu'ils étaient venus et que dormir au lit avec autant de personnes à la fois serait impossible. Il était entièrement d'accord avec moi. « Oui, dit-il, les cafards, c'est l'enfer. » ...

« Alors j'ai déroulé mes couvertures et le propriétaire m'a aidé à faire mon lit sur sa table de bureau, en soulevant pour moi les encriers et les journaux. , et la gaieté rauque des autres hommes face à son charabia.

« *Dimanche*… Ce matin, le match continuait, mais Madden s'était retiré vers quatre heures, perdant. Le barman, balayant le bureau, m'a réveillé, et je me suis levé et j'ai fait mes toilettes, comme d'habitude, dans l'abreuvoir public.

La rétrospective me remplit de gaieté – et je regrette que tout soit fini pour toujours et à jamais ; et le bouc ne vit pas, pour le bien de qui je recommencerais.

Il est difficile de ne pas céder à une nouvelle tentation, de ne pas transcrire beaucoup plus dans ce journal de 1892 sur l'apparence et les coutumes de l'étrange pays sauvage que je traversais maintenant en route vers la chèvre. Certains paysages étaient les pires, les plus désolés, les plus sans valeur que je connaisse, dépassant de loin le Nevada en termes de méchanceté et aussi désolés que l'Arizona, sans la splendeur magique et la fascination de l'Arizona. De grands déserts sans grandeur, de grandes vallées sans charme, de grands rochers sans dignité, partout une laideur solitaire ; c'est le pays de Big Bend ; et le fleuve Columbia lui-même, quand on y descend finalement de la poussière nue desséchée et des rochers noirs éparpillés du plateau, est une crue vaste, maussade et sans ombre, le fleuve le plus laid que j'aie jamais vu.

J'aime, quand je peux, apporter du soutien à mes opinions. Un jour plus tard, au milieu du Big Bend, je tombai sur un panneau indicateur désolé, placé là sans doute pour remonter le moral du voyageur découragé. Ce message annonçait que Central Ferry était à trente-cinq milles de distance ; et en dessous, un voyageur avait griffonné son commentaire personnel :

Quarante-cinq milles jusqu'à l'eau.

Et un voyageur ultérieur avait ajouté :

Soixante-quinze milles jusqu'au bois.

Et un dernier voyageur :—

Deux milles et demi en enfer.

Ah, l'esprit intrépide et inestimable de l'homme ! Ces quelques mots griffonnés par une main que j'aimerais serrer, ont fait fleurir le désert d'humour, et j'ai continué mon voyage le cœur souriant.

Trois nuits sans cafards, et je dormais en plein air, au milieu de collines agréables. Un vieux violoniste en haillons, aux cheveux grisonnants qui lui tombaient sur les épaules, m'avait fait écouter tardivement toutes sortes d'airs et de danses démodées. Il s'était frayé un chemin à travers notre continent et avait mis sa vie à le faire. Le voilà, avec ses cheveux argentés, dans les montagnes des Cascades. J'ai étendu mes couvertures à une centaine de mètres de sa cabane, où il vivait seul. Il était parfaitement joyeux et parfaitement sans le sou. Je ne connais pas son nom; Je ne l'ai vu qu'une seule fois ; Je suppose qu'il est mort ; mais son discours et son violon m'ont donné une soirée de divertissement sur laquelle je m'attarde encore parfois. Si je n'avais pas trouvé de chèvre, les personnages que j'ai rencontrés, comme lui, auraient récompensé mon excursion. Mais tout est venu à moi. Après quelques vains voyages, d'où je reviens les mains vides d'un camping assez rude, le mercredi 2 novembre, le journal indique : « Un de mes vœux les plus chers s'est réalisé, et j'ai vu et tué une chèvre de montagne. Le lendemain, une deuxième tête et peau pendaient dans notre camp très douillet. Ces deux premiers étaient des mâles, et ils ont servi de base à la description que j'ai tenté d'en faire plus haut dans ce chapitre. C'est pendant que nous étions assis, mon compagnon guide et moi, écorchant la deuxième chèvre, que nous avons eu une conversation que je dois ici rapporter.

Comment sommes-nous jamais tombés sur un sujet tel que la famille royale d'Angleterre, je ne me souviens pas ; mais camper dans la nature épuise des sujets et vous laisse chaque jour un choix de plus en plus restreint ; et T..., qui prit un papier illustré, me fit remarquer qu'il avait toujours plutôt aimé « ce type de Lorne ». C'est ainsi qu'il l'a formulé ; son langage à propos de certains des autres était moins complimentant.

Or, il m'était arrivé, peu de temps auparavant, de lire un désolant *contretemps* survenu au cortège lors du jubilé de la reine, et je l'ai rappelé à T... ; mais c'était nouveau pour lui. Je lui racontai donc que tandis que les têtes couronnées défilaient solennellement dans les rues de Londres, sous les yeux du monde civilisé qui les regardait avec admiration, le cheval du marquis de Lorne s'est levé. C'était un cheval qui exigeait un meilleur cavalier que celui que le prince de Galles avait considéré comme étant le marquis, car il l'avait mis en garde au préalable contre l'animal. Mais le marquis préféra le monter. Alors le cheval s'élança et le marquis tomba, en plein jubilé de la reine.

T... m'a regardé et n'a rien dit. Je ne savais donc pas si l'esprit du montagnard venait à l'esprit que ce progrès royal, ce moment historique et panoplie, était un mauvais moment pour un noble de choisir de tomber de son cheval.

"Je crois que la reine, après avoir vu l'accident, a envoyé quelqu'un."

"Où?" dit T....

« Au marquis. Elle a probablement appelé le roi le plus proche et lui a dit : « Frederick, Lorne est parti. Allez voir s'il est blessé.'

"'Et s'il n'est pas blessé, *blessez* -le'", a ajouté T..., parlant au nom de la reine. J'ai donc perçu qu'il avait donné à la situation toute sa valeur.

Après cette deuxième journée de succès, la tempête et la neige s'abattent sur nous, journée aveuglante, nous retenant au camp. D'autres tempêtes suivirent, et plus de chèvre ; et nous avons dû abattre un cheval qui s'était « jeté », emmêlé dans sa corde et tellement gelé qu'il restait impuissant toute la nuit dans la neige épaisse. Nous avons quitté ces montagnes et sommes partis vers d'autres à la recherche d'un troupeau de chèvres ; Je souhaitais une femelle et un enfant, et nous semblâmes avoir découvert un complexe de vieux mâles solitaires. Huit jours après la deuxième chèvre, nous aperçumes notre troupeau, ce qui fut l'occasion d'une expérience plus éclairante.

Je suis convaincu que ceux qui ont beaucoup chassé le gros gibier ont parfois entendu des paroles comme celles-ci : « Cette montagne avait tout le temps un troupeau de moutons dessus ; trois cents moutons ; » ou : « Juste à peu près ici, la saison dernière, j'ai rencontré une bande de douze cents wapitis ; » ou "J'ai croisé deux mille antilopes dans l'appartement hier." La personne qui vous dit cela sera probablement votre propre guide ou un visiteur du camp qui comparera ses notes et échangera des anecdotes. En tout cas, j'ai entendu à maintes reprises de telles affirmations ; et de temps en temps j'ai été tenté d'observer (par exemple) en réponse : « Deux mille antilopes ! Quand tu aurais compté mille neuf cent quatre-vingt-dix-neuf, je pensais que tu aurais été trop fatigué pour continuer. Mais ce sont des tentations auxquelles j'ai résisté. Je pense aussi que les hommes croyaient ce qu'ils disaient, d'une manière générale. Mais ici, avec la chèvre, c'était une opportunité célèbre. Nous pouvions les voir clairement ; ils étaient à un canon de nous, à environ un mile de distance ; ils étaient couchés ou debout, certains mangeaient, d'autres se déplaçaient un peu lentement ; ils étaient en foule, en petits groupes, un ou deux, changeant de position très tranquillement ; et ils semblaient innombrables ; ils montaient et descendaient la colline partout. Il n'était pas possible de les atteindre ce jour-là, car la majeure partie de la journée était déjà écoulée et nous étions en hauteur sur le versant opposé de la montagne.

"Il y a cent mille chèvres !" s'écria T... ; et j'aurais dû rentrer chez moi en affirmant que j'en avais vu au moins des centaines.

« Comptons-les », dis-je. Nous avons pris les verres et nous l'avons fait. Ils étaient trente-cinq.

De ces trente-cinq au cours des deux jours suivants, j'ai complété sans problème, sauf en escalade difficile, mon décompte des spécimens désirés, un mâle et une femelle adultes, et un enfant, pour ma propre garde, avec deux mâles à donner à des amis. . Et j'en ai appris un peu plus sur la chèvre.

La femelle est plus légère que le mâle et ses cornes sont plus fines, ce qui est une bagatelle. Et (pour revenir à la question du régime alimentaire) nous avons visité le pâturage où se trouvait le troupeau, et n'avons trouvé aucun signe d'herbe poussant, ni d'herbe mangée ; il n'y avait pas d'herbe sur cette montagne. La seule substance comestible était une mousse touffue, raide et sèche au toucher. Les plus grandes cornes à la base mesuraient six pouces de circonférence et vingt et un pouces et demi d'une pointe jusqu'au crâne et ainsi de suite jusqu'à l'autre pointe. J'ai également appris que la chèvre est à l'abri des animaux prédateurs. Avec sa peau impénétrable et ses cornes éventrées, il est laissé respectueusement seul par les loups et les lions des montagnes. Et T... m'a parlé de l'énergie d'une mère chèvre. Un prospecteur avait capturé au début de l'été un chevreau encore trop jeune pour courir beaucoup. Sa mère l'a vu l'emmener au camp, a couru après lui, l'a poursuivi sous les yeux de ses camarades avec une telle ardeur qu'il a dû lâcher son enfant, et elle l'a récupéré ! J'ai dit par déduction, mais je dois absolument le préciser, que les enfants sont abandonnés en mai et juin.

À la somme de nos connaissances sur l' *Oreamnus montanus* , le don d'une sous-espèce a récemment été offert ; mais l'acceptation de ce don serait à l'heure actuelle, je pense, prématurée. Cela dépend de l'idée que l'on se fait du nombre de faits nécessaires dans la vie quotidienne pour justifier une généralisation. Par exemple, si vous lisiez dans le journal qu'une personne est morte de diphtérie la semaine dernière à New York, cela ne vous empêcherait pas d'aller dans cette ville ; mais si vous lisiez que cinq cents personnes sont mortes en une semaine, vous pourriez décider de ne pas y emmener vos enfants pour la saison, et ce serait le résultat d'une généralisation légitime. La règle n'est nullement différente dans la véritable science. Cette nouvelle variété de chèvre est basée sur un seul spécimen, et uniquement sur le crâne séché ! Parce que les cornes étaient quelques pouces plus longues et s'étendaient quelques pouces plus larges que la moyenne, et parce qu'il y avait certaines différences dans la mesure de la mâchoire, il n'y a guère de preuve adéquate que ces variations n'étaient pas une distorsion, congénitale ou le résultat d'un accident. Nous avons vu des gens loucher et avoir des pieds bots ; nous sommes également allés au cirque, mais nous ne créons pas de sous-espèces pour le géant du Kentucky et la femme barbue. Mais ce petit désir de se perpétuer, d'une sorte de permanence dans ce monde d'oubli, palpite dans de nombreux cœurs, et puisque nous essayons tous d'apposer nos noms sur quelque chose qui les transmettra aux générations suivantes, pourquoi ne pas les lier. à *Oreamnus* et *Ovis* ? Et ainsi, lecteur, vous avez la vision agréable de nos zoologistes, descendant jusqu'à la postérité sur le dos de diverses sous-espèces de chèvres et de moutons.

Ces animaux, comme tous nos gros gibiers occidentaux, sont en train de disparaître. Ce n'est pas (comme l'a si souvent crié le haut-parleur politique occidental) le « pied tendre » de l'Est qui est responsable de cette destruction ; c'est l'Occidental lui-même, qui enfreint discrètement les lois qu'il a édictées et qui tue (pour prendre un exemple récent) des dizaines d'élans mâles hors saison à Jackson's Hole, dans le Wyoming, simplement pour vendre les deux dents connues sous le nom de « tushes », et quittant le le reste de la carcasse pourrit sur les collines. C'est le véritable homme qui détruit notre gros gibier, tout comme il détruit nos forêts. Laissé entre ses mains, le visage de notre continent ressemblerait désormais à une maison incendiée. Deux ans avant que je chasse la chèvre, les cerfs de ces montagnes descendaient en troupeaux pour observer les nouveaux colons, qui les abattaient depuis les portes de leurs cabanes pour s'amuser. Les cerfs sont désormais assez rares.

Le parc de Yellowstone est un sanctuaire pour les buffles, les wapitis, les cerfs, les antilopes et les moutons. Là (le cas échéant), notre gros gibier a une chance de survivre. Je n'ai jamais entendu parler de chèvre existant dans ce sanctuaire; mais de bonnes nouvelles arrivent récemment : les moutons prospèrent sur le mont Evarts. Permettez-moi de suggérer au commandant de prendre des mesures pour obtenir une chèvre de Saw Tooth Range – ou de tout autre endroit où il le peut – et de tenter l'intéressante expérience consistant à élever l'animal dans le parc de Yellowstone.

CHÈVRE DES MONTAGNES ROCHEUSES

(HAPLOCERUS MONTANUS [16])

C'est l'un des très rares mammifères qui sont blancs ou blanchâtres en permanence en toutes saisons, et bien que communément appelé chèvre, il appartient en réalité au même groupe que les serows, auxquels il ressemble beaucoup par la forme et la couleur des cornes. En hiver, les cheveux sont très longs et d'un blanc pur ; le long du dos, il est dressé et très allongé au garrot et aux hanches, de manière à donner à l'animal l'apparence de posséder une paire de bosses. Le pelage d'été est relativement court et a une teinte jaunâtre. Hauteur à l'épaule d'un peu moins de 3 pieds ; poids de 180 à 300 livres.

Distribution. —Amérique du Nord, dans toutes les montagnes Rocheuses, depuis environ 36° de latitude en Californie, au moins aussi loin au nord que 60° de latitude. Les naturalistes américains considèrent que le nom générique propre de l'animal est *Oreamnus* au lieu de *Haplocerus* .

MESURES DES CORNES

LONGUEUR SUR LA COURBE AVANT	CIRCONFÉRENCE	D'UN BOUT À L'AUTRE	LOCALITÉ	PROPRIÉTAIRE
— 11½	..	..	Colombie britannique	Clive Phillipps-Wolley
—11	..	..	Kutenay, Colombie-Britannique	John T. Fannin (mesuré par)
— 10½	5¾	..	Montana	Walter James
10¼	5¼	5½	Colombie britannique	R. Rankin
— 10⅛	6½	..	Rivière Similkameen, Colombie-Britannique	Arthur Pearse

10⅛		5	6⅛	?	FR Buxton
— ♀10⅛		4¾	..	Colombie britannique	Capitaine A. Egerton
dix		5⅜	6⅜	Colombie-Britannique JV Colby	
—9¾		5	..	Montana	Théodore Roosevelt
9¾		5½	6¼	Territoires du Nord-Ouest	S. Ratcliff
9¾		5¼	6	Territoires du Nord-Ouest	SAR le Duc d'Orléans
9⅝		5¼	6⅛	Territoires du Nord-Ouest	Sir Edmund G. Loder, Bart.
9½		5½	6¼	Alaska	Sir George Littledale
9½		4½	..	Amérique du Nord	JD Cobbold
♀9½		4¼	5½	Colombie britannique	PB Vander-Byl
9½		5¼	6⅜	Kutenay-Est, Colombie-Britannique	Beurre AE
—9½		5¼	6½	Bitter Root Mts., États-Unis	James J.Harrison

— ♀9³⁄₈		4½	5⅝	Colombie britannique	AE Leatham
—9³⁄₈		5⅜	6¾	Colombie britannique	TWH Clarke
9¼		5½	5¼	Colombie britannique	J. Turner-Turner
9¼		5½	..	Amérique du Nord	Comte de Lonsdale
9¼		5½	5¾	Colombie britannique	G. Lloyd Graeme
9⅛		..	6	Montana	Thomas Bate, British Museum
9⅛		5¼	5	Colombie britannique	Sir Peter Walker, Bart.
9		4¾	6	Colombie britannique	TP Kempson
—8⅞		5½	4⅛	Colombie britannique	Comte E. Hoyos
8¼		4 ⅔	5¼	Colombie britannique	Comte Schiebler

NOTES DE BAS DE PAGE

[1] Repos.

[2] Caribou.

[3] Pas le caribou.

[4] Bœuf musqué.

[5] « Records of Big Game », Rowland Ward, troisième édition.

[6] « Records of Big Game », Rowland Ward, troisième édition.

[7] Bisons des bois.

[8] Brun foncé, nuancé à beige et écru, teinté de bleu grisâtre ; grande ossature lourde; cornes massives courbées près de la tête, bien aplaties, profondément ondulées sur le bord supérieur, généralement battues aux points chez les béliers plus âgés. Parcourez les montagnes Rocheuses au nord, depuis le fleuve Colorado jusqu'au cours supérieur de la rivière de la Paix, en Colombie-Britannique. Gamme en bord supérieur de la limite du bois.

[9] Blanc. Manteau d'été de teinte rouille. Pas aussi grand que *Canadensis* . Cornes blanches, courbées bien loin de la tête ; pas si profondément ondulé, moins massif que *Canadensis* . Toutes les montagnes Rocheuses au nord du 60° NL et les montagnes de l'Alaska dans l'ouest de la chaîne de l'Alaska, au-dessus de la limite forestière.

[10] Le plus foncé de tous les moutons, allant du gris clair au gris très foncé teinté de brun. Cornes longues et gracieuses mais minces, s'étendant plus loin de la tête que celles de n'importe quelle espèce. Rangez les montagnes Rocheuses entre 55° et 60° N. et dans les montagnes Cassiar, Campbell et Simson plus à l'ouest et au nord jusqu'à 62° N.

[11] Brun clair à écru teinté de terne. Cornes semblables à *celles de Canadensis* . Parcourez les pays semi-désertiques des États du Sud, du Texas à la Californie.

[12] Plus foncé que *Nelsoni* , mais pas aussi foncé que *Canadensis* . Taille large. Cornes larges et massives ; dents molaires plus grandes que chez n'importe quel mouton américain connu ; vertèbre caudale longue. Chaîne des montagnes Chihuahua dans le nord et l'ouest du Mexique.

[13] Blanc et gris. En taille à peu près celle des *Dalli* et *Stonei* . Cornes blanches ; courbé plus près de la tête que *Dalli* et *Stonei* . Gamme supérieure du fleuve Yukon. Gamme plus dans le bois que *Stonei* ou *Dalli* ; habitudes très proches de celles de *Canadensis* .

[14] Les cornes du bélier cessent de croître au moment du rut, et ne recommencent que lorsque le printemps apporte la nourriture nourrissante. Cela provoque les anneaux sur les cornes, dit-on, qui indiquent le nombre d'hivers du mouton.

[15] « Records of Big Game », Rowland Ward, troisième édition.

[16] « Records of Big Game », Rowland Ward, troisième édition.

www.ingramcontent.com/pod-product-compliance
Lightning Source LLC
LaVergne TN
LVHW042204190726
843493LV00006B/1813